高等职业教育产教融合特色系列教材·无人机类

无人机操控技术

主　编　吕晓辉　卢晓东　郭　璇

副主编　李冠群　王敏杨　刘德利

　　　　孟凡超　张　娜

参　编　张　萌　罗建将　王继喆

　　　　王宇飞　齐　迹　于振环

　　　　张　琳

U0234439

北京理工大学出版社
BEIJING INSTITUTE OF TECHNOLOGY PRESS

内 容 提 要

《无人机操控技术》旨在系统介绍无人机的基础知识、操控技能及其应用领域，帮助学生掌握无人机操作技术、了解行业动态，从而提升职业素养和就业竞争力。本书分为四个模块，涵盖无人机概述、无人机航拍技术、无人机竞技和无人机运行管理等关键内容。每个模块包括多个任务，详细讲解了相关知识点和技能，并结合丰富的实践训练和操作指导，确保学生在理论和实践方面的全面掌握。本书由校企合作团队共同开发，强调应用导向，并注重理论与实践的结合，采用"教、学、做"一体化的教学模式。通过系统学习，学生不仅能够掌握无人机的基本操作，还能深入了解行业的发展趋势和应用前景，从而在就业市场中提高竞争力和职业素养。

本书可作为高等院校、高职院校相关专业学生的教材，也可作为无人机相关行业人员的参考书。

版权专有　侵权必究

图书在版编目（CIP）数据

无人机操控技术/吕晓辉,卢晓东,郭璇主编.

北京：北京理工大学出版社,2025.1(2025.2 重印).

ISBN 978-7-5763-4657-2

Ⅰ.V279

中国国家版本馆 CIP 数据核字第 2025PY5424 号

责任编辑：高雪梅		**文案编辑**：高雪梅	
责任校对：周瑞红		**责任印制**：李志强	

出版发行 / 北京理工大学出版社有限责任公司

社　　址 / 北京市丰台区四合庄路 6 号

邮　　编 / 100070

电　　话 / (010) 68914026 (教材售后服务热线)

　　　　　　 (010) 63726648 (课件资源服务热线)

网　　址 / http：//www.bitpress.com.cn

版 印 次 / 2025 年 2 月第 1 版第 2 次印刷

印　　刷 / 河北鑫彩博图印刷有限公司

开　　本 / 787 mm×1092 mm　1/16

印　　张 / 10.5

字　　数 / 243 千字

定　　价 / 38.00 元

图书出现印装质量问题，请拨打售后服务热线，负责调换

前　言

　　本书贯彻落实党的二十大精神，满足当前经济社会高速发展对无人机操控高素质人才的需求，服务国家科技强国战略，注重理实结合，贯彻高职高专"必需、够用、可持续发展"的教育理念，注重学生的能力培养和素质提高。本书根据《国家职业教育改革实施方案》的要求，结合无人机操控工作岗位的实际情况，整合无人机操控岗位需求、无人机驾驶员职业资格证书考证需求、"1+X"职业技能证书考证需求、全国职业技能大赛竞赛要求编写，旨在培养无人机操控稀缺型技术人才。

　　本书系统地介绍了无人机的基本知识、操控技术及其应用领域，帮助学习者掌握无人机的操作技能，了解无人机行业的发展动态，提升其职业素养和就业竞争力。本书分为四个模块，每个模块细分为若干个任务，涵盖了无人机概述、无人机航拍技术、无人机竞技和无人机运行管理等方面的内容。具体内容：模块一主要介绍无人机的发展史及其应用领域；模块二主要介绍多旋翼无人机的结构与组成、无人机模拟飞行训练、外场飞行训练及无人机航拍训练；模块三主要介绍多旋翼无人机组装与调试及飞行技巧；模块四主要介绍无人机的航空法规、执照种类及无人机驾驶员的职业规划。在编写过程中，力求实现"教、学、做"一体化特色，帮助学习者迅速掌握相关技能。

　　本书由吕晓辉、卢晓东、郭璇担任主编，由李冠群、王敏杨、刘德利、孟凡超、张娜担任副主编，张萌、罗建将、王继喆、王宇飞、齐迹、于振环、张琳参与编写工作。具体编写分工如下：张萌、王继喆、张娜编写模块一；卢晓东、孟凡超、李冠群、王敏杨、于振环编写模块二；刘德利、王宇飞、张琳、齐迹编写模块三；吕晓辉、郭璇、罗建将编写模块四；吕晓辉负责全书的整体设计工作；卢晓东、郭璇负责全书统稿整理工作。

　　本书是校企合作共同开发的一体化教材，以应用为导向，注重理论与实践相结合，力求内容系统、实用。每个模块和任务均配有详细的知识点和技能点，以帮助学习者逐步掌握无人机操控技术。通过丰富的实践训练和具体的操作指导，不仅能够掌握无人机的基本操作技能，还能深入了解无人机行业的发展动态和应用前景，提升就业竞争力和职业素养。

　　希望本书能为广大学习者提供有价值的学习资源，帮助广大学习者在无人机操控技术的学习中取得优异成绩，并在未来的职业发展中有所作为。

　　本书在编写过程中参考了国内外有关文献资料，在此对相关的作者表示感谢。

　　由于编者水平有限，书中难免存在不妥之处，恳请读者批评指正。

编　者

目　录

模块一　无人机概述

 ## 模块简介

随着科学技术的快速发展，无人机被广泛应用于航拍、农业、物流、环保检测和监测、救援、巡逻、交通管理，以及大型活动的安保等领域，展现出巨大的潜力和价值。随着技术的进一步革新，无人机将在更多领域发挥其独特的作用。本模块主要学习无人机的发展及在各行业的广泛应用。

无人机概述

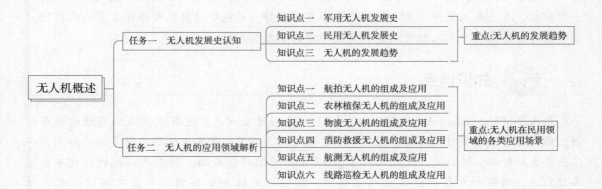

任务一　无人机发展史认知

 学习目标

1. 知识目标

（1）了解军用无人机的发展历史。

（2）了解民用无人机的发展历史。

（3）了解无人机的发展趋势。

2. 能力目标

（1）能够对无人机有一个清晰的了解和认识。

（2）能够对无人机的发展有一定程度的了解。

（3）能够掌握无人机的应用领域。

3. 素养目标

（1）践行社会职业核心价值观，具有深厚的爱国情感和民族自豪感。

（2）具有无人机领域专业素养和创新思维。

 任务描述

无人机的发展历程可以追溯至 20 世纪初。最初，无人机主要用于军事目的，随着技术的不断进步与突破，无人机在民用领域的应用也日益广泛，且更加智能化，应用领域也将进一步扩大。本任务主要学习无人机的历史和发展趋势，并能够借助各种媒体收集无人机历史相关信息，完成关于无人机发展史和发展趋势的汇报和总结。

 知识链接

无人机（Unmanned Aerial Vehicle, UAV）是利用无线遥控设备或预先编写好的程序控制，能实现自主或半自主功能，同时可重复使用的飞行器。无人机的历史最早可追溯到第一次世界大战时期，并且第一架无人机于 1917 年在英国研制成功。随着无人机的应用领域越来越广泛，研制和发展的速度也越来越快，其应用地位在军事领域和民用领域会越来越重要。

知识点一：军用无人机发展史

1. 早期发展

1927 年，英国"堡垒"号军舰上成功试飞其研制的无人机——"喉"式单翼无人机，拉开了无人机作战的序幕。1931 年，英国成功研制了"费利皇后"无人靶机，并在海军舰队演习时使用。20 世纪 50 年代中期，美国推出其历史上第一架具有实用性的侦察机——AN/USD-1 无人侦察机。在 1955 年的越南战争中，美国的 U-2 无人侦察机和"烽火"-147 型等军用无人机首次亮相。

2. 现代发展

20 世纪 80 年代初期，在黎巴嫩的贝卡谷地区，叙利亚的萨姆导弹阵地遭受到以色列军用无人机突然袭击，第一次向世人展示了其不可忽视的巨大作战潜力。1991 年海湾战争爆发，美国利用"指针""先锋"等无人机在战场上获取了伊拉克军方的雷达目标参数。2001 年美国在阿富汗战争中，利用"捕食者"无人机（图 1-1），使无人机向"察打"一体化方向发展，目前，全球军用无人机已有 200 多种型号。在未来战争中，军用无人机的使用将更加广泛。

图 1-1　"捕食者"无人机

3. 全球军用无人机等级能力

根据军用无人机生产研发技术水平、产品谱系完整性及对外依赖度，全球军用无人机竞争梯队可分为以下三级：

（1）第一梯队拥有军用无人机数量多、研发技术水平高、产业链完整、产品谱系多元、无人机重度参与武装力量建设。其典型代表国家有中国、以色列和美国。

（2）第二梯队具有一定的军用无人机研发能力，军用无人机行业处于快速上升期，但产业链条尚不完整，产品丰富度仍待提升。其典型代表国家有土耳其、英国、法国、俄罗斯等。

（3）第三梯队的军用无人机主要源自进口，受制于技术和资金等的限制，目前自主研制能力相对较低，仍处于研制、试验和小批量生产阶段。其典型代表国家是伊朗、巴基斯坦等部分亚非发展中国家。

4. 我国军用无人机发展前景

自中华人民共和国成立以来，我国持续加强国防和军队现代化建设。党的十八大报告对"国防和军队现代化"提出"加快推进"的总体要求，党的十九大报告将此要求升级为"全面推进"，党的二十大报告明确提出"开创国防和军队现代化新局面"，再次提及"军事理论现代化、军队组织形态现代化、军事人员现代化、武器装备现代化"，并新增"增加新域新质作战力量"表述。军用无人机是"新域新质作战力量"的重要一环。近年来，我国国防军工行业政策频繁提及武器装备远程精确化、智能化、隐身化和无人化发展趋势，明确未来信息化、智能化战争特点，鼓励军民联合、产学联合提高武器装备研发水平，为我国军用无人机行业的快速发展提供了良好的政策环境，促使我国军用无人机作战能力达到世界一流水平，如图 1-2 所示。

图 1-2　彩虹-5 无人机

5. 未来军用无人机发展趋势

在目前世界军事潮流趋势下，未来战争、冲突将朝着无人化、智能化的方向发展，无人机在未来作战中将在多领域被广泛应用。未来军用无人机将朝着以下几个方向发展：

（1）向低价高效发展，充分发挥无人机低成本优势。

（2）向高空长航时大型化、微小型使用灵活化、高超音速隐形化发展。

（3）向智能化发展，人工智能加持，应对突变战场情况。

（4）向综合集成化发展，向有人-无人协同、无人机蜂群作战的智能无人机集群发展。

（5）向空间发展，未来军用无人机飞行高度将有所突破，临近空间将成为可能，使之与卫星轨道相接近，达到距离地表 30～120 km 的高度，发挥潜在的军事价值。

知识点二：民用无人机发展史

民用无人机是指直接面向广大消费者，包括个人和公司，满足其娱乐、拍摄、运输等需求的无人机产品。民用无人机包括消费级无人机和工业级无人机，分别对应个体消费者和工业企业用户。

1. 民用无人机介绍

按照应用场景分类，民用无人机应用场景包括航空测绘、工业与能源、娱乐与媒体、森林防火、高空成像、地理制图、灾害预警、精准农业、零售快递、安防与监控等。民用无人机细分市场规模持续增长，行业解决方案日益成熟。

从分类来看，无人机产品主要有多旋翼无人机、固定翼无人机和垂直起降固定翼无人机等。在多旋翼无人机领域，大疆创新、科比特、飞马机器人、极飞科技、中海达、易瓦特等是国内的主要参与者。其中，大疆创新凭借先发优势及技术实力占据全球超 70% 的市场份额，呈现一家独大的竞争格局。图 1-3 所示为大疆多旋翼无人机。

图 1-3　大疆多旋翼无人机

2. 我国民用无人机发展历程

我国的民用无人机发展可以追溯到 20 世纪 80 年代，当时我国无人机产业逐渐扩大到民用领域。

（1）20世纪80年代，我国开始着手开发和生产无人机，最初主要是用于军事中。在随后的几十年里，我国逐渐扩大了无人机的应用领域，开始探索无人机在民用领域的潜力。这个阶段的无人机技术主要用于测绘、灾害监测、农业植保等领域。

（2）2010年年初，我国政府开始加大对无人机技术的投资和政策支持，以推动无人机在民用领域的应用。我国的无人机产业开始获得快速发展，涉及航空电子、机电一体化、软件等多个领域。此时的无人机技术已经开始应用于新闻采访、广告拍摄、物流配送、环境监测等领域。

（3）2010年中期，随着无人机技术的不断升级和完善，此时无人机应用的领域已经涵盖了交通管理、电力巡检、应急救援等多个领域。2015年，中国的无人机销售量已经超过了全球的1/3。

（4）2020年年初，我国政府开始对无人机行业进行整合，以推动无人机技术的升级和应用。此时无人机技术已经应用于医疗救援、城市规划、环保监测等领域。同时，我国的无人机制造商开始着手开发更加智能化、集成化的无人机产品，以满足市场需求。

3. 我国国内民用无人机市场发展

（1）民用无人机市场持续扩大。根据国家统计局相关数据显示，我国民用无人机市场规模由2017年的295亿元增至2020年的602亿元，2022年我国民用无人机市场规模达到1 120.3亿元。民用无人机市场始终在持续扩大，未来持续发展的潜力巨大。

（2）无人机的智能化持续升级。随着无人机技术的成熟和市场扩大，普通的无人机可以提供的利润上升空间就逐渐被压缩。无人机厂商为了未来的持续发展，深挖无人机技术，将无人机技术和新兴的计算机视觉、AI、大数据等技术相结合，已经是一种必然的趋势。未来，"AI+无人机"的应用场景将会越来越多，智能化的无人机产品将越来越多地被研发。

（3）特殊应用场景的无人机产品会进一步受到市场青睐。无人机最初研发的很重要的一个目的就是代替人类进行特殊场景的危险工作。而随着无人机技术的成熟、人口老龄化、用工成本上升等因素的影响日益凸显，无人机这一功能也就越发受到人们重视，特殊应用场景的无人机也就越发受到市场青睐。国家和企业也会越重视特殊场景的无人机产品研发和应用，未来此类产品将是民用无人机市场应用的主力。

（4）更多无人机企业的生产研发从消费级转向工业级发展。随着消费者对于无人机技术的新鲜感日益流失，政府法规对于无人机使用的注册和区域限制要求等因素，消费级无人机的行业规模增长开始放缓。而与此同时，同属民用领域的工业级无人机，订购用户大多为政府、企业、需求大、利润空间大、技术水平要求高、技术深挖和未来发展的空间大，企业也就愿意将研发能力和生产力朝着这个方向发展。

知识点三：无人机的发展趋势

无人机应用领域多样化，市场规模逐年增长。无人机制造技术升级，成本下降，应用领域不断扩展，应用前景广阔。

1. 全球无人机市场发展

全球无人机市场发展迅速，年复合增长率预计将达到17.8%。根据市场研究机构的数据，到2025年全球无人机市场规模预计达到440亿美元，特别是无人机技术的快速发展和广泛应用，为市场增长提供了强劲动力。

2. 国内无人机市场发展

国内无人机市场规模也在逐年增长。根据《2021—2026 年中国无人机行业市场需求与投资规划分析报告》的数据显示，2020 年中国无人机市场规模达到 379 亿元，预计 2025 年将达到 1 163 亿元，市场前景广阔。

3. 无人机技术发展

随着人工智能、大数据、5G 通信等技术的发展，无人机将更加智能化。无人机未来将朝着多功能化、高度智能化和低成本化方向发展，应用领域更加广泛。无人机技术发展不仅在于硬件的升级，还包括软件的优化和系统的集成。

4. 无人机市场应用前景

无人机应用领域多样化，市场潜力巨大。无人机在物流、农业、环保、能源、交通、安防等领域的应用越来越广泛，特别是在智慧城市建设中，无人机将发挥重要的作用。

 ## 任务实施

步骤 1：准备介绍无人机发展史及发展趋势。
步骤 2：采取多手段收集信息，准备汇报大纲。
步骤 3：分组实施，各组通过 PPT 或视频等形式汇报。
步骤 4：总结反思本任务的收获。

 ## 任务评价

被考评人			考评地点	
考评内容		无人机发展史认知		
考评指标		考评标准	分值	得分
知识掌握	知识点一	军用无人机发展史	20	
	知识点二	民用无人机发展史	20	
	知识点三	无人机的发展趋势	20	
素质培养	学习态度	上课听课及与教师互动情况	20	
	团队合作	互相讨论，分组考察	10	
	劳动精神	培养认真、创新、奋斗的精神	10	
合计			100	

 拓展阅读

近年来，无人机技术得到了飞速的发展，其应用领域也日益广泛。无论是在农业、物

流、环保，还是在影视制作、新闻报道等领域，无人机都发挥着重要的作用。无人机应用的首要前提是必须符合国家的法律法规。无论是无人机的制造、销售，还是使用，都必须遵守相关的法律法规。其次，无人机的应用还必须尊重他人的隐私权。无人机可以在高空中拍摄到地面的各种情况，如果不加以限制，很可能会侵犯他人的隐私权。最后，无人机某些特定的应用场景还要注意保护环境，要倡导绿色使用无人机，减少对环境的负面影响，推动无人机技术的可持续发展。

 巩固练习

一、选择题

1. 无人机飞行高度一般在（　　）m 以下。
　　A. 500　　　　　　　　B. 1 000　　　　　　　　C. 1 500　　　　　　　　D. 2 000
2. 无人机飞行速度一般为（　　）km/h。
　　A. 50　　　　　　　　B. 100　　　　　　　　C. 150　　　　　　　　D. 200
3. 无人机常用的动力系统有（　　）。
　　A. 电力系统　　　　　　　　　　　　B. 油动系统
　　C. 混合系统　　　　　　　　　　　　D. 太阳能系统
4. 无人机在（　　）领域广泛应用。
　　A. 农业植保　　　　　　　　　　　　B. 航拍摄影
　　C. 环境监测　　　　　　　　　　　　D. 电力巡线

二、简答题

1. 无人机的优点有哪些？
2. 简述无人机的主要类型。

任务二　无人机的应用领域解析

 学习目标

1. 知识目标

（1）掌握不同用途的无人机的组成。

（2）掌握无人机在民用领域的应用情况。

（3）掌握无人机在军用领域的应用情况。

2. 能力目标

（1）能够正确识别不同应用领域使用的无人机。

（2）能够较清晰地描述目前无人机在不同领域应用的现状。

（3）能够分析各种场景中应用的无人机的特点。

3. 素养目标

（1）提升科技自信、文化自信及创新意识。

（2）具有严谨、细心、全面、追求高效、精益求精的职业素养和工匠精神。

（3）具有自我管理能力和职业生涯规划能力。

 任务描述

随着无人机技术的发展，无人机的应用价值日益凸显，无人机的应用正展现出越来越丰富的可能性，无论是在军事范畴还是在日常生活中，无人机的身影随处可见，无人机的特定应用领域也在不断拓展。本任务从航空拍摄、农林植保应用、无人机物流、无人机消防和救援等六个方面学习当前无人机的应用场景，并能够根据已知的案例描述，解析无人机植保案例中相比传统植保的优势。

 知识链接

知识点一：航拍无人机的组成及应用

航拍是指从空中拍摄地球地貌，获得俯视图。无人机航拍技术具有高空拍摄、全景拍摄、远距离拍摄等特点，为摄影师们带来了全新的视角和创作灵感。

1. 航拍无人机的组成

航拍无人机（图1-4）由飞行平台、导航飞控、任务荷载三部分组成。其中，航拍无人机任务荷载有云台、相机和图像传输系统等。

图1-4　航拍无人机

2. 航拍无人机应用

（1）自然风光拍摄。无人机技术为摄影师们提供了一种方便快捷的方式拍摄自然风光。传统的摄影方法往往无法捕捉到大范围的景色和细节，而无人机的高空视角可以将整个山川河流尽收眼底。在拍摄山脉时，无人机可以飞到高空俯视，呈现出宏伟壮丽的山峦层叠景象（图1-5）；在拍摄海滩时，无人机可以低空飞行，将波浪冲击沙滩的精彩瞬间一览无余（图1-6）。无人机航拍技术使自然风光摄影更具有时尚感和艺术性。

无人机航拍技术基础

图1-5　无人机航拍喜马拉雅山脉　　　　图1-6　无人机航拍海滩

（2）城市建筑摄影。无人机技术为城市建筑摄影师们提供了一个全新的创作空间。通过无人机的航拍功能，摄影师们可以将摄影重心从地面转移到高空，以便更好地捕捉城市建筑的美丽和魅力。在拍摄摩天大楼时，无人机可以在不同的高度和角度上拍摄，展现出摩天大楼的壮观和震撼；在拍摄城市夜景时，无人机可以在空中飞行，捕捉到夜色中点点灯光的绚丽景象（图1-7）。无人机航拍技术为城市建筑摄影带来了更加多元化和创新化的表现方式。

图1-7　无人机航拍城市夜景

（3）活动记录与纪实。无人机还可以用于活动记录与纪实。传统的摄影方法往往无法完整地记录活动的整个过程和氛围，而无人机的航拍功能可以实现全景拍摄和实时记录。在体育比赛中，无人机可以飞行在场馆上空，捕捉到比赛精彩瞬间和观众的热烈反应

（图1-8）；在大型音乐演唱会中，无人机可以在舞台上方飞行，以全景镜头记录演唱会的盛况（图1-9）。无人机航拍技术可以为活动记录与纪实提供更加全面和生动的视角。

图1-8　无人机航拍滑雪比赛图　　　　　图1-9　无人机航拍音乐会

（4）影视航拍。无人机航拍与传统飞行航拍方式相比，其更为经济、安全、便于操控。影视剧、广告宣传片、专题片等采用了无人机完成航拍作业，如图1-10所示，取得了令人瞩目的社会与经济效益。

图1-10　电影剧组无人机跟拍画面

知识点二：农林植保无人机的组成及应用

1. 植保无人机的组成

**无人机农
林植保**

植保无人机是用于农林植物保护作业的无人驾驶飞机。植保无人机由飞行平台（固定翼、直升机、多轴飞行器）、导航飞控、喷洒机构三部分组成。通常，在植保机下部安装任务荷载（包括储药箱、农药喷杆、喷头、药管、药管快拆连接头、水泵及置于中心板上的水泵电源降压模块等），通过地面遥控或导航飞控实现喷洒作业，可以喷洒药剂、种子、粉剂等。植保无人机如图1-11（a）所示。

2. 植保无人机的应用

（1）无人机在玉米种植中的应用。据统计，玉米已经成为我国第一大粮食作物，传统的农业勘测、病虫害检测施药等工作需要大量的人力、物力和时间，而无人机的应用可以极大地提高工作效率，减少资源浪费。

无人机可以对玉米的病虫害、自然灾害、生长状态进行有效的监测，如图1-11（b）所示。此外，无人机施药解决了玉米田施药难的问题，并能够适应不同施药环境，不受作物长势限制，用药量少，适应性广泛，工作效率大大提高，具有较广阔的发展前景。目前，利用无人机施药使用较为广泛，已经取得了非常好的效果，玉米受病虫害影响显著降低，成为保证玉米优质、高产、稳产最直接有效的方法之一。

（a）　　　　　　　　　　　　　　　　　（b）

图1-11　植保无人机给玉米作业

（2）无人机在水稻施药方面的应用。传统的水稻种植作业中，大型机械容易在作业过程中发生陷泥事故，不仅劳动强度大，作业质量不高，而且作业效率低。应用无人机可以在稻田面积测量、土壤质量检测、灌溉监测、病虫害防治等很多方面对水稻种植全过程起到帮助作用。下面着重说明无人机在水稻施药方面的应用。

长期以来，水稻的施药主要依靠人力使用背负式喷雾器进行，劳动强度大，且难以到达水稻中下部，作业效率低，对施药人员和环境也易造成伤害。采用植保无人机可以实现用药量少、精准作业、劳动强度低等优点，也可以达到对水稻施药机械化、专业化、一体化。植保无人机给水稻作业如图1-12所示。小型无人机体积小，灵活性高，地形适应性好，即使在丘陵地带也能发挥其作用。

图1-12　植保无人机给水稻作业

（3）无人机在小麦种植中的应用。无人机在小麦生长及病虫害监测上可以起到关键作用，通过无人机的监测、施药、喷洒农药等操作，可以提高小麦产量和质量，并减少农药的使用量和环境污染。在监测病虫害方面，无人机搭载了高清相机和红外传感器等设备，能够对小麦田进行全方位、高分辨率的拍摄和监测。通过无人机航拍获得的图像，可以对小麦田的生长情况、病虫害的发展情况进行准确的判断。

无人机在植保上的应用除以上列举的几种较常见的应用场景外，还包括农业勘测、农作物生长检测、精准施肥、病虫害检测、灌溉、收割等许多方面。随着科技的不断进步，无人机必将在未来的农业生产中，发挥更为重要的作用。

（4）无人机在林业中的应用。

1）森林资源调查和荒漠化监测。无人机可携带高清摄像机和相关遥感设备，实施高空实时拍摄作业，进行森林资源调查、荒漠化监察。

2）森林火灾监测和动态管理。无人机在林业火灾的监测、预防、扑救、灾后评估等方面得到了国际林业的认可。无人机是以监测为主，将 GPS 技术、数字图像传输技术等高新技术综合应用于森林资源管理中的高新技术产品，可解决目前林区森林防火瞭望和地面巡护无法顾及的偏远林火的早期发现问题，如图 1-13 所示。

3）火灾救援。林区通常地形复杂、道路崎岖、山高林密、植被层厚，对现场通信、图像传输要求极高，灭火救援难度极大。无人机因为无人员伤亡的顾虑，受天气影响小等优点越来越多地被应用于森林火灾救援领域。在森林火灾救援现场，无人机承担着航拍侦察、测绘制图、照明、载重运输等多重任务，能够第一时间快速描绘灾情，并在远距离辅助战斗决策方面发挥着举足轻重的作用。在多起森林火灾灭火救援工作中，无人机均取得了良好的实战效果，如图 1-14 所示。

图 1-13　无人机勘察火情

图 1-14　无人机喷射干粉灭火

知识点三：物流无人机的组成及应用

1. 物流无人机的组成

无人机
物流

物流无人机配有 GPS 自控导航系统、GPS 接收器、各种传感器及无线信号发收装置。物流无人机具有 GPS 自控导航、定点悬浮、人工控制等多种飞行模式，集成了三轴加速度计、三轴陀螺仪、磁力计、气压高度计等多种高精度传感器和先进的控制算法。同时配有黑匣子，以记录状态信息，还具有失控保护功能。当无人机进入失控状态时将自动保持精确悬停，失控超时将就近飞往快递集散分点。

2. 物流无人机的应用

无人机物流可细分为支线无人机运输、无人机快递（末端配送）、无人机救援（应急物流）及无人机仓储管理（盘点、巡检）等类别。其中，以支线无人机运输和无人机快递末端配送为主要形式。

2023 年，我国物流总额已经超过 352 万亿元，同比增长 5.2%，增速比 2022 年提高 1.8%。由于末端配送的时效性和服务体验尤为重要，在合适的情景下使用无人机配送，效率将提高 60%～70%，成本节约 60% 以上。

物流无人机通过 4G/5G 网络或无线电通信遥感技术与调度中心进行数据传输，实时向调度中心发送地理坐标和状态信息，接收调度中心发送的指令，在接收到目的坐标以后采用 GPS 自控导航模式飞行，到达目的地上空后采用精准降落技术降落，如图 1-15 所示。

物流无人机配送有快速高效、降低成本、环保节能等优势，真正逐步解决偏远农村、海岛、牧区、边防哨站等场景的小批量、中短途运输的配送难题。但同时也面临着很多挑战，如安全问题、质量和距离限制、隐私问题等，相信随着无人机技术的不断进步和完善，将能够满足更多类型和规模的物流配送需求，为人们的生活带来更多的便利。

图 1-15 无人机配送货物

知识点四：消防救援无人机的组成及应用

无人机消防和救援

1. 警用无人机的组成

警用无人机系统一般由无人机、高清摄像机、无线喊话器等模块组成，如图 1-16 所示。

警用无人机具有隐蔽能力好、安全可靠性高、现场展开能力快速，以及多样化、多手段、通用性强等特点。

2. 警用无人机的应用

（1）交通管理。无人机可以应用在跟踪、监视关键道路和路口等场景，如图 1-17 所示，及时反馈道路运行情况，便于交通管理部门对城市道路的整体态势及时掌握，也可用于在高速道路上对应急车道占用等违法行为进行抓拍。在发生重大事故时，无人机能够快速勘察交通事故现场，并快速拍照和记录。民警通过回传信息能够在处理事故时进行准确判断，并对现场情况进行调度，快速解决道路拥堵，确保交通畅通。

图1-16　警用无人机的外观架构

图1-17　无人机参与道路巡逻工作

（2）活动安保。无人机的高空视野广、监控范围大、视角灵活多变，监控具有实时性的特点，在大型活动现场或紧急处理时犹如天眼，可对大型活动现场人员聚集区域进行监管，及时发现安全隐患，预防和应对突发事件，如图1-18所示。同时，通过人脸识别、自动跟踪等技术，可实现现场的有效管控，提升活动安保水平，保障人员和财产安全，如图1-19所示。

图1-18　无人机组助力亚运会安保

图1-19　无人机组助力马拉松比赛

（3）侦查搜捕。无人机可以通过空中侦查，事先明确地形，快速获取犯罪现场的实时信息，再对各关键部位部署警力，便于更好地抓捕违法犯罪分子。无人机搭载的摄像头和传感器可以实时传输高清影像与数据，对于逃窜藏匿的不法人员，无人机也可以很快发现车辆和人员行踪，帮助警方迅速锁定犯罪嫌疑人的位置，加强对犯罪活动的监视。即便在夜间，无人机也可以通过热成像、照明等进行有效追捕。

（4）紧急救援。很多自然灾害或安全生产事故，人员及车辆难以第一时间到达现场，针对群众求助、山林火情、消防救援、湖面救助等情况时，如高层建筑火灾，通过无人机空中作业实时传输图像，在第一时间对待救援人员进行定位，并投递相关救生设备。在灾害发生后，无人机可以快速到达现场，为救援人员提供实时的空中情报，帮助救援人员制订救援方案，寻找被困者并提供援助，如图1-20所示。

图1-20 无人机热成像画面

2023年12月7日，栖霞市公安局接到杨女士报警求助，民警了解到杨女士的母亲带孩子外出3 h左右，直到21时许未回家，可能迷路，夜间天气寒冷，老人和孩子极可能身处险境，栖霞市公安局高度重视，立即组织民警开展救援行动。经分析研判，民警发现老人出村后向山中走去，冬季夜晚，气温骤降，老人与孩子在山间险象环生，民警使用热成像无人机与照明设备，展开"立体搜寻"，在夜空中细致排查，不断缩小搜寻范围，凌晨2时30分许，在无人机的引导下，搜救队伍在山顶发现老人和孩子的踪迹，成功将其营救下山。

知识点五：航测无人机的组成及应用

无人机
航测

1. 航测无人机组成

无人机低空航测系统一般由地面系统、飞行平台、影像获取系统、数据处理系统四部分组成。地面系统包括用于作业指挥、后勤保障的车辆等；飞行平台包括无人机、通信系统、维护系统等；影像获取系统包括电源、GPS程控导航与航摄管理系统、数字航空摄影仪、云台、控制与记录系统等；数据处理系统包括空三测量、正影纠正、立体绘图等。

2. 航测无人机的应用

（1）国土测绘。在国土测绘中，合理应用无人机遥感技术，能够凭借其独特优势收集详细资料，切实提高信息资源的准确度与时效性。利用无人机进行航测，如图1-21所示，不但能够对地形测量进行全面详细检测，对于一些较为危险的地区，也能够进行监测和数据采集，可以弥补传统测绘技术的不足。无人机运行速度较快、续航能力也较强，使用无人机进行航测，不仅能够节约测量工作成本，还能够有效提升工作效率。其主要应用于国土资源动态监测与调查、土地利用和覆盖图更新、土地利用动态变化监测、特征信息分析等，高分辨率的航空影像还可应用于区域规划等。

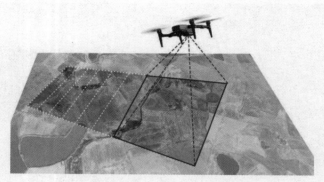

图 1-21　无人机进行土地测绘

（2）选线设计。遥感无人机可应用于电力选线、公路选线、铁路选线，能够根据需求，快速获取线状无人机航空影像，为选线快速提供设计数据。无人机可以高效获取道路沿线高分辨率低空影像，在数据处理过程，应用差分 GNSS 辅助空中三角测量模型，并配合稳健的运动恢复结构技术提升对地定位精度，进而生产出高精度 DEM 数据、DOM 数据，便于道路规划设计与施工。

（3）环境监测。传统的环境监测方式需要花费大量的人力和财力，而且难以做到实时监测，而无人机凭借其先进的机动性、高分辨率影像成像技术等优势，可以对环境实施全方位、多角度、大范围的快速巡查，使环境监测更加精准、高效。在海洋监测、溢油监测、水质监测、湿地监测、固体污染物监测、海岸带监测、植被生态等方面是主要的应用方向，如图 1-22 所示。

（a）　　　　　　　　　　　　　　　（b）

（c）　　　　　　　　　　　　　　　（d）

图 1-22　无人机巡视自然环境

知识点六：线路巡检无人机的组成及应用

无人机
线路巡检

1. 电力巡检无人机的组成

电力巡检无人机由飞行平台、导航飞控、任务荷载三部分组成。其中，电力巡检无人机的任务荷载主要有高清数码摄像机和照相机、雷达及 GPS 定位系统等。

2. 电力巡检无人机的应用

电力巡检无人机可以在作业难度较大的崇山峻岭和深山老林、江河湖泊之间轻松实现作业。电力巡检无人机如图 1-23 所示，装配有高清数码摄像机和照相机及 GPS 定位系统，可沿电网进行定位自主巡航，实时传送拍摄影像，监控人员可在计算机上同步收看与操控，那些用人工很难发现的线路受损部位，通过无人机空中巡视可以清楚地进行研判。在山洪暴发、地震灾害等紧急情况下，可对线路的潜在危险进行勘测与紧急排查，对于迅速恢复供电很有帮助。

图 1-23　电力巡检无人机

无人机实现了电子化、信息化、智能化巡检，提高了电力线路巡检的工作效率、应急抢险水平和供电可靠率。无人机线路巡检除可以实现电力线路巡检外，还可以对石油管线、天然气管线等进行巡检。

 任务实施

分析无人机植保作业对比传统植保作业的优势。

步骤 1：典型案例详读

助力小麦春管尽显"科技范"，2024 年 4 月，新疆师市 28 万亩（1 亩 = 666. 67 平方米）冬小麦进入春季管护关键期。职工群众抢抓农时，使用植保无人机开展小麦病虫害防治作业，确保小麦稳产丰收。

步骤2：案例解析

（1）冬小麦春季管护的"一喷三防"工作，采用无人机作业，可喷洒均匀，作业线路不重复，节省成本。同时，还能够保证麦苗不受机车碾压，没有机械性伤害。

（2）使用无人机后，1 h 就可以把 40 亩地的植保防治工作完成，效率很高，同时，沿着麦田低空飞行，不断向连片的小麦喷施矮壮素、除草剂，如图 1-24 所示，相比传统人工作业方式，植保无人机喷洒更加均匀，防治效果更好。

图 1-24　植保无人机正在给连片的小麦喷施矮壮素、除草剂

（3）科技是乡村建设创新发展的动力和技术保障。科技的发展可以提升农业生产力，改善农村基础设施，建设智慧农村，探索新的农业经营形式和农村治理模式，为乡村振兴提供新的发展路径和模式，推动实现乡村振兴战略目标。

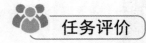 **任务评价**

被考评人			考评地点	
考评内容		无人机的应用领域解析		
考评指标		考评标准	分值	得分
知识掌握	知识点一	掌握航拍无人机的组成及应用	14	
	知识点二	掌握无人机在农林植保的应用	14	
	知识点三	掌握无人机在物流的应用	14	
	知识点四	掌握无人机在消防和救援的应用	14	
	知识点五	掌握无人机在地理测绘的应用	14	
	知识点六	掌握无人机在线路巡检的应用	14	

续表

被考评人			考评地点	
素质培养	劳动精神	能培养严谨细心、追求高效、精益求精的职业素质和工匠精神	6	
		能加强自我管理并对职业生涯初步规划	10	
合计			100	

 拓展阅读

　　当下世界正处于新一轮科技革命和产业转型的前夕，其代表是互联网技术、人工智能技术、无人驾驶技术等领域的重大突破。这些技术的进步正推动着人类生产、生活方式的快速转变。特别是无人机技术，作为无人技术领域的一个重要分支，已经展现出其巨大的潜力和价值。近年来，随着我国无人机从军事领域向民用领域的发展，无人机的数量、种类和应用市场不断扩大，为国内社会的发展带来了深远的影响。

　　在无人机技术得到广泛应用之前，我国的工农业等行业主要依赖于传统的人工或简单的机械化生产方式，这种方式不仅效率低下、成本高昂，而且还存在诸多安全隐患，难以满足日益增长的行业需求。然而，随着无人机技术的应用，这一切都发生了根本性的变化。现在，各行各业都在经历着一场由无人化、智能化和信息化驱动的深刻变革。

　　在消费市场领域，无人机已经渗透到航空摄影、商业表演、休闲娱乐等领域。极大地丰富了消费产业的服务内容和形式，推动消费产业进一步向科技和娱乐领域发展。在工业市场领域，无人机也广泛应用于农业植保、土地测绘、工业检测、物流配送等领域，不断提升产业服务水平，提高产业生产效率，降低产业发展成本，促进了产业的全面升级。

　　近年来，随着城市化进程的加速，中国城市的快速发展也带来了人口增长、交通拥堵、环境污染等一系列问题，这对城市管理提出了更高的要求。在此背景下，无人机提供的新型城市管理模式为城市发展带来了智能化和数字化升级的新思路与明确方向。无人机在智能交通控制、智能政务、智能环保和智能城市管理等多个方面展现出其独特的优势。特别是在交通控制方面，无人机已经逐渐成为交警执法的新帮手；在政府事务中，无人驾驶飞行器正日益成为调查和收集证据的新工具。此外，在环境保护和城市管理方面，无人机不断发挥低成本、高灵活性、易操作、适用范围广的优势，在巡逻检查、监控和执法等方面显示出巨大的价值。

巩固练习

一、选择题

1. 多旋翼飞行器都具有（　　）用途。

①应急救灾；②军用侦察；③警用监视；④娱乐；⑤广电行业

A.①④⑤　　　　　　　　　　　　B.②③④

C.①②③④⑤　　　　　　　　　　D.①②③

2. 植保无人机的组成不包括（　　）。

A. 飞行平台　　　　　　　　　　B. 导航飞控

C. 喷洒机构　　　　　　　　　　D. 数据处理系统

3. 多旋翼航拍飞行器难以完成（　　）工作。

A. 测绘　　　　　　　　　　　　B. 直播

C. 超远距离监控　　　　　　　　D. 农林植保

4. 无人机相对有人机的优势，以下不正确的是（　　）。

A. 无须生命支持系统　　　　　　B. 训练可多依赖于模拟器

C. 可靠性指标高　　　　　　　　D. 飞行成本低

二、简答题

1. 什么是无人机？

2. 简述无人机巡检优势。

3. 简述无人机在消防救援中的应用优势。

4. 简述无人机植保优势。

5. 简述物流无人机的优势。

6. 航拍无人机由哪几个部分组成的？

7. 无人机在消防和救援方面有哪些应用？

模块二　无人机航拍技术

 模块简介

　　无人机航拍技术是利用无人机进行空中拍摄的一项技术。其核心是通过遥控或自动程序控制飞行的无人机，搭载高清摄像头，实现对地面或空中目标的实时影像捕捉。无人机航拍技术被广泛用于电影电视剧拍摄、地形地貌测绘、农业监测、灾害现场调查及安全监控等领域。其优点是能够快速到达人类难以接近的区域，进行高效率、大范围的数据采集，且成本相对较低。

　　本模块主要学习航拍无人机的组成、操作训练、拍摄技巧及视频剪辑。

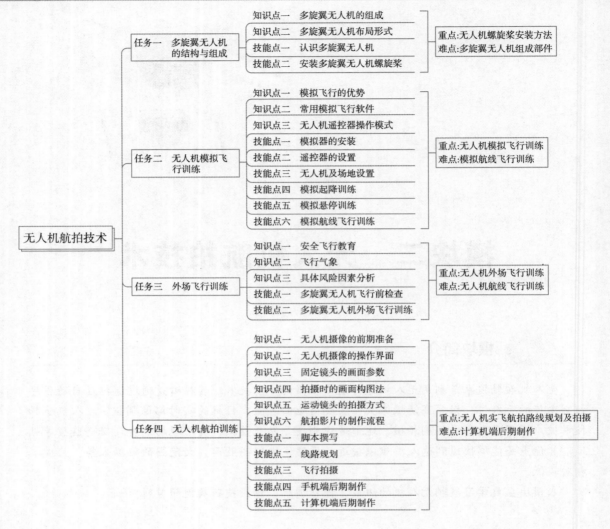

		知识点一　多旋翼无人机的组成	
任务一 多旋翼无人机的结构与组成		知识点二　多旋翼无人机布局形式	重点:无人机螺旋桨安装方法
		技能点一　认识多旋翼无人机	难点:多旋翼无人机组成部件
		技能点二　安装多旋翼无人机螺旋桨	

无人机航拍技术

		知识点一　模拟飞行的优势	
		知识点二　常用模拟飞行软件	
		知识点三　无人机遥控器操作模式	
任务二 无人机模拟飞行训练		技能点一　模拟器的安装	重点:无人机模拟飞行训练
		技能点二　遥控器的设置	难点:模拟航线飞行训练
		技能点三　无人机及场地设置	
		技能点四　模拟起降训练	
		技能点五　模拟悬停训练	
		技能点六　模拟航线飞行训练	

		知识点一　安全飞行教育	
		知识点二　飞行气象	
任务三 外场飞行训练		知识点三　具体风险因素分析	重点:无人机外场飞行训练
		技能点一　多旋翼无人机飞行前检查	难点:无人机航线飞行训练
		技能点二　多旋翼无人机外场飞行训练	

		知识点一　无人机摄像的前期准备	
		知识点二　无人机摄像的操作界面	
		知识点三　固定镜头的画面参数	
		知识点四　拍摄时的画面构图法	
		知识点五　运动镜头的拍摄方式	
任务四 无人机航拍训练		知识点六　航拍影片的制作流程	重点:无人机实飞航拍路线规划及拍摄
		技能点一　脚本撰写	难点:计算机端后期制作
		技能点二　线路规划	
		技能点三　飞行拍摄	
		技能点四　手机端后期制作	
		技能点五　计算机端后期制作	

任务一　多旋翼无人机的结构与组成

 学习目标

1. 知识目标

（1）掌握多旋翼无人机的结构组成。

（2）掌握多旋翼无人机各组成部件的功能。

2. 能力目标

（1）能够识别多旋翼无人机各组成部件。

（2）能够描述多旋翼无人机各组成部件的功能。

3. 素养目标

（1）具有工作规范意识，养成良好的职业习惯。

（2）具备信息素养和创新思维。

 任务描述

　　多旋翼无人机以其独特的飞行方式和多样的应用，已经越来越广泛地进入人们的生活。多旋翼无人机由机身框架、电机、电调、螺旋桨、飞控系统、电池及遥控设备等关键部分组成，每个部分都承载着其特定的作用，共同协作让无人机在空中自如地翱翔。本任务主要学习多旋翼无人机的组成部件及各部件的主要作用，并能够使用实训现场指定型号的多旋翼无人机进行螺旋桨安装，以及说明各位置部件的名称与功用。

 知识链接

知识点一：多旋翼无人机的组成

　　多旋翼无人机主要包括四旋翼无人机、六旋翼无人机和八旋翼无人机等类型。多旋翼无人机的组成一般包括机架、起落架、电机和电调、电池、螺旋桨、飞控系统、遥控装置、GPS模块、任务设备和数据链路。其组成如图2-1所示。

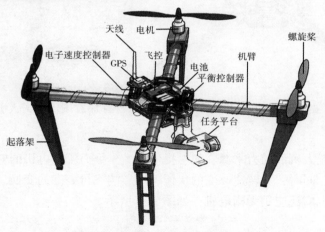

初步认识多
旋翼无人机

图2-1　多旋翼无人机组成

1. 机架

　　机架（机身）是大多数设备的安装位置，也是多旋翼无人机的主体。电机、电调和飞控板（飞行控制器）等设备都要安装在机架上。根据机臂数量不同，可分为三旋翼、四旋翼、六旋翼、八旋翼、十六旋翼、十八旋翼，也有四轴八旋翼等类型，结构不同名称也不同。常见的轴距有250 mm、450 mm、600 mm、1 000 mm等。

　　机架按材质一般可分为塑胶机架、玻璃纤维机架和碳纤维机架。机架随着旋翼数量的不同，布局形式也稍微有所区别，但是整体大同小异。图2-2所示为常见四旋翼无人机的机架布局形式。

机架的主要作用如下：

（1）提供安装接口。这些接口包括安装和固定电机、电调、飞控板的螺钉孔。

（2）提供整体稳定和坚固的平台。飞行器在飞行过程中需要一个稳定、坚固的平台，以确保电机在转动过程中不会毁坏其他设备，并为传感器提供一个稳定的平台。

（3）安装起落架等的缓冲设备。起落架为飞行器提供安全的起飞和降落条件，避免损坏其他仪器。

（4）安装相应的保护装置。保护装置用于保护飞行器本身和可能接触到的操作人员。

2. 起落架

起落架是多旋翼无人机唯一与地面接触的部位。在起飞和降落时起到缓冲作用，保护机载设备。起落架要求强度高，结构牢固，能够与机身可靠连接，并能够承受一定的冲击力。微轻型无人机的起落架大多与机身集成一起，无法收放。轻小型或以上级别的无人机的起落架则通常可以收起，以减少飞行阻力和增加飞行灵活性。图 2-3 所示为碳纤维无人机起落架。

图 2-2　四旋翼无人机的机架布局形成　　图 2-3　碳纤维无人机起落架

3. 电机

电机是多旋翼无人机的动力来源，能够提供升力、推力等。电机的转速快慢决定了飞行器可以承载的质量，同时，其转速改变的快慢可以影响飞行姿态的变换。随着电机技术的不断发展，目前无人机广泛应用无刷电机，如图 2-4 所示。

图 2-4　无刷电机

无人机用无刷电机的型号通常用四位数字表示，如 2212 电机、2018 电机等。其中前面两位数字是电机转子的直径，后面两位数字是电机转子的高度。简单来说，前面两位数字越大，电机越肥，后面两位数字越大，电机越高。又高又大的电机，功率就越大，适合做大四轴。通常，2212 电机是最常见的配置。

无刷电机 kV 值定义：转速/V，意思为输入电压增加 1 V，无刷电机空转转速增加的转速值。例如，1 000 kV 电机，外加 1V 电压，电机空转是 1 000 r/min，外加 2 V 电压，电机空转就是 2 000 r/min。只从 kV 值来看，不可以评价电机的好坏，因为不同 kV 值适用不同尺寸的桨；绕线匝数多的，kV 值低，最高输出电流小，但扭力大，可以上大尺寸的桨；绕线匝数少的，kV 值高，最高输出电流大，但扭力小，上小尺寸的桨。

无刷电机相比有刷电机的优点如下：

（1）无刷电机运转时不会产生电火花，极大减少对遥控无线电设备的干扰。

（2）无刷电机没有了电刷，运行顺畅，噪声会低。

4. 电子调速器

无人机电子调速器（Electronic Speed Controller，ESC）的主要作用是接收来自飞控板的控制信号，并将这些信号转换成相应的电流大小，以此来控制电机的转速。具体来说，电子调速器可以将飞控板发出的 PWM（脉宽调制）信号或模拟电压信号转换为相应的电流频率，进而驱动无刷电机。这种转换过程使电子调速器成为飞控与电机之间的桥梁。图 2-5 所示为无人机电子调速器。

图 2-5　无人机电子调速器

电子调速器还能执行其他一些重要功能：

（1）调速：通过接收遥控器的信号，电调能够控制无人机的电机转速，实现对飞行高度的调节及速度的控制。

（2）保护电机：电子调速器具备过流、过温保护功能，能够在电机过载或过热时自动调节电流并关闭电源，从而减少电机的损坏，延长其使用寿命。

（3）提高飞行稳定性：电子调速器能实现电机启动、停止、刹车、速度控制等功能，有助于提升无人机的飞行平稳性和安全性。

5. 电池

电池是电动多旋翼无人机的供电装置，给电机和机载电子设备供电。最小的是 1S 电池，常用的是 3S、4S、6S 电池组，由许多串联的电池组成。假如电池组被列为 3S 电池组，那么它在电池组内有 3 个串联的独立的 1S 电池，每个电池的标称电压为 3.7 V。然后将该电池组的总电压列为 11.1 V，以此类推。电池的容量额定值表示其输出电量。大多数时电池容量以毫安小时（mA·h）列出，如大疆 Air3 无人机电池就是 4S 电池，容量为 4 241 mA·h 的锂聚合物电池，如图 2-6 所示。锂电池的主要优点是质量轻、能量密度大、放电能力强。

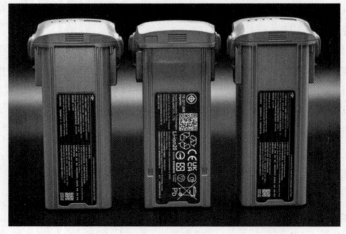

图 2-6　锂电池

6. 螺旋桨

螺旋桨安装在电机上，可分为正桨和反桨。适合顺时针旋转的称为正桨；适合逆时针旋转的称为反桨。多旋翼飞行器为了抵消螺旋桨的自旋效应，相邻的桨旋转方向是不同的，所以需要正桨和反桨。正桨和反桨的风都向下吹。如图 2-7 所示，中间为黑帽的桨是正桨；中间为银帽的桨是反桨。

多旋翼无人机安装的是不可变总距的螺旋桨，主要指标有螺距和尺寸。桨的指标是四位数字，如 1045 桨，前面两位数字代表桨的直径（单位：in，1 in＝25.4 mm），后面两位数字是桨的螺距。

电机与螺旋桨的搭配：建议采用常见的配置，或按照厂家使用说明中的要求进行配置。螺旋桨越大，产生的升力就越大，但对应需要更大的力量来驱动；螺旋桨转速越高，升力越大；电机的 kV 值越小，转动力量就越大。

图 2-7　无人机螺旋桨

7. 飞控系统

飞控系统是无人机完成整个飞行过程的核心系统，飞控对于无人机相当于驾驶员对于有人机的作用，是多旋翼无人机的核心设备，主要包括陀螺仪、加速度计、各外设接口等。

图2-8所示为驭天BC-500多旋翼无人机的飞控系统。

图2-8 驭天BC-500多旋翼无人机的飞控系统

（1）陀螺仪。三轴陀螺仪在多旋翼无人机飞行和执行任务过程中起到自稳作用。

（2）加速度计。加速度计一般为三轴加速度计，测量三轴加速度和重力加速度。

（3）飞控系统功能。多旋翼无人机飞控系统完成的主要功能有三项：一是处理来自遥控器或自动控制的信号，完成要求的飞行姿态或其他指令；二是给电子调速器发送信号调节电机的转速，实现控制改变飞行姿态的功能；三是在没有任何控制的情况下，通过控制电调的输出信号保持多旋翼无人机的稳定。

8. 遥控装置

遥控装置包括遥控器和接收机。遥控器可以发出无人机操控指令，完成工作任务；接收机安装在无人机上，一端与飞控相连接，另一端通过通信链路与发射机连接。图2-9所示为驭天BC-500多旋翼无人机遥控器，图2-10所示为驭天BC-500多旋翼无人机接收机。

图2-9 驭天BC-500多旋翼无人机遥控器　　图2-10 驭天BC-500多旋翼无人机接收机

9. GPS模块

GPS模块如图2-11所示，用来测量无人机当前的经纬度、高度、航向、地速等信息。一般在GPS模块中还会包含地磁罗盘，其能够测量多旋翼无人机当前的航向。

10. 任务设备

在多旋翼无人机上可安装的任务设备有很多，根据不同的工作任务可安装适合工作任务的任务设备，安装时要考虑无人机的机载质量。目前，摄影摄像安装最多的任务设备就是云台，常用的云台有两轴云台和三轴云台。三轴云台如图 2-12 所示。云台作为相机或摄像机的增稳设备，提供两个或三个方向的稳定控制。

图 2-11　多旋翼无人机 GPS 模块　　　　图 2-12　无人机机载三轴云台

11. 数据链路

数据链路包括数传和图传。数传就是数字传输，数传终端和地面控制站（笔记本或手机等数据终端）接受来自飞控系统的数据信息；图传就是图像传输，接受机载相机或摄像机拍摄的图像，一般延迟在几十毫秒，目前也有高清数字图传，传输速率和清晰度都有很大提升。

知识点二：多旋翼无人机布局形式

常见多旋翼无人机按布局形式可分为 X 形、H 形、上下及其他布局等。

1. X 形布局

多旋翼无人机 X 形布局形式是目前最常见的无人机布局形式。因为其布局形式简单，控制迅速、有力，尤其被小尺寸多旋翼无人机采用，如图 2-13 所示。

图 2-13　X 形布局机架

2. H 形布局

多旋翼无人机 H 形布局拥有与 X 形布局相当的特点，方便控制，又能够进行折叠。也广泛被中小型无人机应用，如图 2-14 所示。

图 2-14　H 形布局机架

3. 上下布局

多旋翼无人机上下布局应用较多，其四旋翼的无人机载质量可以达到普通八旋翼的无人机载质量，如图 2-15 所示。

图 2-15　上下布局机架

4. 其他布局

常见无人机的其他布局形式还有很多，如六轴十八旋翼等，如图 2-16 所示。

图 2-16　六轴十八旋翼布局机架

 任务实施

技能点一：认识多旋翼无人机

1. 训练目的

掌握多旋翼无人机的内部组成结构，能够识别多旋翼无人机的各组成部件，并能够说出各组成部件的功用。

2. 训练内容

根据后续拆装训练需要，取出驭天 BC-500 型号的多旋翼无人机，开始进行如下认知训练。

步骤 1：在多旋翼无人机上指出机架的安装位置并说出其材质和功用。

步骤 2：在多旋翼无人机上指出起落架的安装位置并说出其功用。

步骤 3：在多旋翼无人机上指出各电机的安装位置并说出其功用。

步骤 4：在多旋翼无人机上指出各电子调速器的安装位置并说出其功用。

步骤 5：在多旋翼无人机上指出电池的安装位置并说出其常用参数值。

步骤 6：在多旋翼无人机上指出螺旋桨的安装位置并说出其常用参数值。

步骤 7：在多旋翼无人机上指出飞控系统的安装位置并说出其功用。

步骤 8：在多旋翼无人机上指出接收机的安装位置并说出其功用。

步骤 9：在多旋翼无人机上指出 GPS 模块的安装位置并说出其功用。

步骤 10：在多旋翼无人机上指出通信模块的安装位置并说出其功用。

步骤 11：在多旋翼无人机上指出任务设备的安装位置并说出其功用。

步骤 12：说出该多旋翼无人机的布局形式。

技能点二：安装多旋翼无人机螺旋桨

1. 训练目的

掌握多旋翼无人机螺旋桨的安装方法，能够正确分辨和安装不同旋向螺旋桨到无人机上，并判断是否安装妥当。

2. 训练内容

步骤：在驭天 BC-500 型号的多旋翼无人机上安装不同旋向螺旋桨。

（1）安装螺旋桨之前，关闭无人机电源。根据无人机的设计，螺旋桨有固定方向，按照螺旋桨方向将螺旋桨进行分组，并按照螺旋桨上的箭头指示方向来确保安装正确。先安装一组螺旋桨，再安装另一组。将中间黑色桨叶用螺帽拧到黑色轴的电机上，将中间银色桨叶用螺帽拧到银色轴的电机上，安装时一只手握住电机，另一只手拧紧螺旋桨，如图 2-17 所示。

图 2-17　螺旋桨安装完成的无人机

（2）检查螺旋桨安装是否到位。在安装完螺旋桨后，逐个检测每个螺旋桨的紧固螺钉，是否正确拧紧，避免螺旋桨因为松动而脱落，导致无人机坠毁。在飞行前还要检查螺旋桨是否完好无损，损坏的螺旋桨要及时更换，确保飞行的安全性。

（3）教师上电检查学生螺旋桨安装情况。目测检查完成后，教师对无人机进行通电，通电后在确保安全的情况下使螺旋桨进行旋转，检查学生螺旋桨安装是否到位。

 任务评价

被考评人			考评地点	
考评内容		多旋翼无人机的结构与组成		
考评指标		考评标准	分值	得分
知识掌握	知识点一	正确描述多旋翼无人机的组成	10	
	知识点二	正确描述多旋翼无人机布局形式	10	
	技能点一	能够正确指出驭天 BC-500 型号多旋翼无人机的各部件位置、名称及功能	48	
	技能点二	能够正确安装驭天 BC-500 型号多旋翼无人机螺旋桨	20	
素质培养	安全意识	安装螺旋桨时无人机在断电	3	
	团队合作	能融入集体，愿意接受任务并积极完成	3	
	劳动精神	能够按照现场的规章要求和标准化作业程序进行各种操作和测试	3	
		培养认真、创新、奋斗的精神	3	
合计			100	

 拓展阅读

《中国达人秀》第六季最新的一期节目中，出现了震撼全国的一幕：达人秀史上参演人员最多的节目来了！选手带着700名特别的队员——无人机，热血集结！700架无人机在统一的指挥下，在夜幕中不断闪烁彩色的光，组成了歼20隐形战机、"蛟龙号"载人潜水器、"长征二号"FT1火箭、"天宫一号"目标飞行器、中华人民共和国成立70周年、五星红旗等图案，每一次的变化组合，都重燃了国人在取得重大突破和创新时的骄傲与自豪之情。

 巩固练习

简答题

1. 多旋翼无人机一般是由哪几个部分组成的？各组成部件有什么功用？
2. 多旋翼无人机有哪些布局形式？
3. 多旋翼无人机螺旋桨安装的旋向如何判断？

任务二　无人机模拟飞行训练

 学习目标

1. 知识目标

（1）了解常用的模拟飞行软件。

（2）熟悉美国手和日本手的区别。

（3）熟悉凤凰模拟器软件的功能使用。

2. 能力目标

（1）能够正确下载和安装凤凰模拟器。

（2）能够正确选择模拟飞行场地和模型。

（3）能够完成四位悬停、八位悬停和360°自旋。

（4）能够依照正确的方法和步骤完成多旋翼无人机的基本模拟飞行任务。

3. 素养目标

（1）具有耐心细致的工作态度，养成科学务实的工作作风。

（2）具有工作规范意识，养成良好的职业行为习惯。

（3）养成踏实严谨的学习态度和精益求精的工匠精神。

 任务描述

在进行无人机室外实际飞行训练之前，为降低训练成本，保障飞行安全，可以在计算机上安装专门的无人机模拟飞行软件，进行模拟飞行，以便尽快掌握无人机操控技术，减少无人机实飞时"炸机"现象的发生。本任务主要学习无人机模拟飞行软件安装、遥控器的设置及基本的模拟飞行任务，能够利用模拟飞行软件进行模拟飞行训练。

知识链接

知识点一：模拟飞行的优势

1. 安全性高

无人机模拟仿真飞行训练可以在模拟器上进行，无须实际飞行，避免了因飞行失误而引起的安全问题。

2. 训练成本低

无人机模拟仿真飞行训练可以模拟各种飞行条件和场景，支持多种飞行模式，重现多种飞行环境细节，可实现高精度仿真飞行，无须实际使用无人机，大大降低了训练成本。

3. 训练效率高

无人机模拟仿真飞行训练可以在模拟器上反复进行各种操作和训练，提高操作技能和反应速度，同时，也可以根据个人需要调整训练难度和内容，提高训练效率。

4. 多种视角

提供第三人称视角、飞手视角、FPV 视角等多种视角，可以创造浸入式飞行体验。

5. 款式多样化

支持多款无人机模拟体验，可根据不同需求选择合适的机型进行训练。增加了训练的灵活性和趣味性。

知识点二：常用模拟飞行软件

目前，常用的模拟器主要有 RealFlight、Reflex XTR、Aerofly、凤凰 Phoenix 等，它们的特点如下。

模拟飞行
软件简介

1. RealFlight

RealFlight 是目前拟真度最高的一款模拟飞行软件，功能齐全，画面逼真。但价格高，国内无原版贩售，如图 2-18 所示。

2. Reflex XTR

Reflex XTR 是老牌的德国模拟软件，内含几十种直升机、固定翼飞机、滑翔机等各式飞行器模式，附带精选的多个飞行场景和几十部飞行录像。可以在局域网中多人联网飞行，体验多人同时飞行的乐趣，如图 2-19 所示。

3. Aerofly

Aerofly 是一款德国的模拟软件，适合中高级训练者使用，但价格高，对计算机硬件要求较高，如图 2-20 所示。

4. 凤凰 Phoenix

凤凰 Phoenix 模拟器是一款非常受欢迎的国产模拟软件，效果逼真，场景迷人。软件安装方便，计算机硬件要求不高，包含多旋翼、固定翼、直升机等多种无人机模型，适合初学者练习飞行技巧，如图 2-21 所示。

图 2-18　RealFlight 模拟器

图 2-19　Reflex XTR 模拟器

图 2-20　Aerofly 模拟器

图 2-21　凤凰 Phoenix 模拟器

知识点三：无人机遥控器操作模式

无人机遥控器常用的操作模式主要有两种，即美国手和日本手。

1. 美国手的特点

美国手控制飞行器姿态的两个舵面同时由右手控制，油门和方向控制在左手。通常情况下，无人机飞行建议使用美国手，因为美国手右手能直接控制飞机的前后和左右飞行，比较符合中国人右手的使用习惯，而且正常作业时操作也比较简单，如图 2-22 所示。

模拟飞
行入门

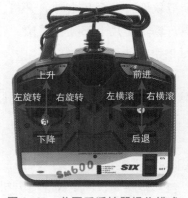

图 2-22　美国手遥控器操作模式

2. 日本手的特点

日本手控制飞行器姿态的两个舵面（升降和副翼）分别由左手和右手控制。油门控制在右手，方向控制在左手。日本手遥控器适合需要大舵量精准控制飞行的情况，如很多航空模型比赛队员都喜欢用日本手遥控器。

 任务实施

技能点一：模拟器的安装

1. 训练目的

掌握 Phoenix RC-凤凰模拟器的安装方法。

2. 训练内容

步骤 1：下载模拟器。

以凤凰 Phoenix6 为例，在百度中搜索 Phoenix RC-凤凰模拟器，打开网页后单击右上角"模拟器教程"按钮，在新跳转的页面中即可下载，如图 2-23 所示。

图 2-23 下载凤凰 Phoenix6 模拟器

步骤 2：安装模拟器。

下载完成后，双击模拟器安装包，待系统读取进度条后，再单击"快速安装"按钮，如图 2-24 所示。然后会跳转到下一界面，如图 2-25 所示。待进度条读取完成后，界面会显示安装成功，如图 2-26 所示。

图 2-24 开始安装 Phoenix6 模拟器

图 2-25 Phoenix6 模拟器安装中

图 2-26 Phoenix6 模拟器安装完毕

步骤 3：模拟器安装完成后，在桌面生成 Phoenix RC 凤凰模拟器快捷图标，如图 2-27 所示，双击该快捷图标便可以打开 Phoenix RC 凤凰模拟器软件。

如果打开软件时，出现提示系统错误，如图 2-28 所示，可根据计算机系统版本，双击桌面上对应的模拟器报错修复工具，如图 2-29 所示，在弹出如图 2-30 所示的对话框中，单击"检测并修复"按钮即可。

图 2-27 Phoenix RC 凤凰模拟器快捷图标

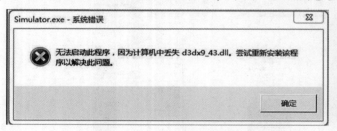

图 2-28 运行模拟器时报错

图 2-29 选择对应的修复工具

图 2-30 使用修复工具

技能点二：遥控器的设置

1. 训练目的

掌握 Phoenix RC-凤凰模拟器遥控器的设置步骤，能熟练使用模拟器遥控器进行仿真训练。

模拟器定
点环绕

2. 训练内容

（1）认识遥控器。本书使用的遥控器为 SM600，USB 接口，如图 2-31 所示。

图 2-31　模拟器遥控器

（2）配置新遥控器及校准。配置新遥控器前，需要先将遥控器底部的模式开关拨到 Phoenix RC 的位置，然后将遥控器 USB 接口与计算机连接，并将电源开关调至 ON 位。

配置新遥控器的具体步骤如下：

步骤 1：双击桌面快捷图标，打开模拟器软件，执行"系统设置"菜单栏中的"配置新遥控器"命令，如图 2-32 所示。

图 2-32　执行"配置新遥控器"命令

步骤 2：在打开的界面中分别单击"下一步"按钮阅读如图 2-33 所示的配置提示。

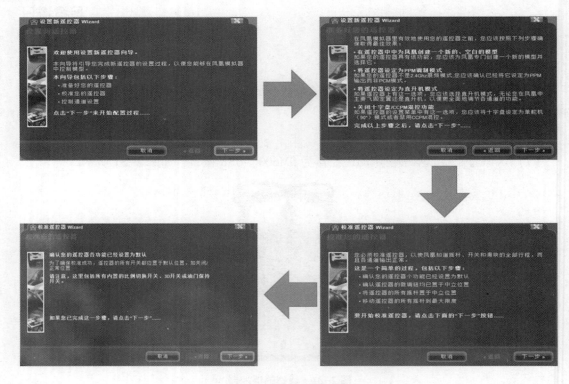

图 2-33　阅读配置提示

步骤 3：如图 2-34 所示，此时需要将遥控器的两根摇杆、4 个微调和左上角的旋钮都置于中间位置，右上角的拨杆置于 SW. A 位，然后单击"下一步"按钮。

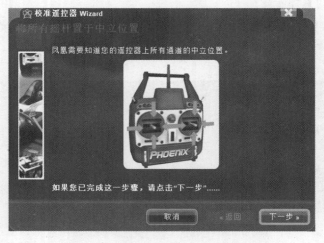

图 2-34　摇杆及各旋钮置于中间位置

步骤 4：分别移动两根摇杆到最大限度，可按顺时针方向缓慢旋转一周，确保摇杆触及各方向的最大位置，校准最大量，最后摇杆回中，如图 2-35 所示，然后单击"下一步"按钮。

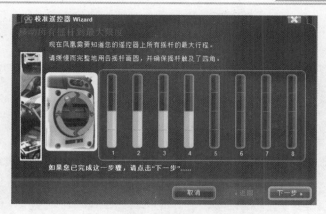

图 2-35 移动所有摇杆至最大限度

步骤 5：旋转遥控器左上角的旋钮至两端极限位置，然后将旋钮置于中间位置；再拨动遥控器右上角的拨杆，然后复原，如图 2-36 所示，然后单击"下一步"按钮。

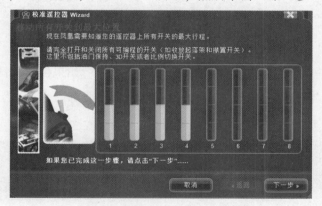

图 2-36 旋转旋钮并拨动拨杆后复原

步骤 6：分别移动两根摇杆、左上角的旋钮和右上角的拨杆至极限位置，查看指示条变化，检测校准结果，如图 2-37 所示。若无问题，单击"完成"按钮。

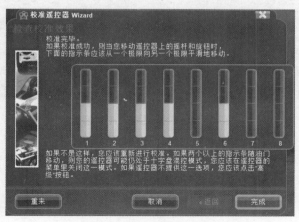

图 2-37 检测校准结果

步骤7：上述设置完成后，还需要设置控制通道，即让模拟器知道遥控器是美国手还是日本手，如图2-38所示。阅读提示后，单击"下一步"按钮。

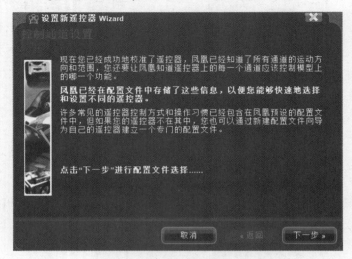

图2-38　控制通道设置提示

步骤8：如图2-39所示，在菜单列表中单击Custom，如果使用美国手，选择SM600_mode2；如果使用日本手，选择SM600_mode1；如果需要练习直升机，选择SM600_helicopter，然后单击"下一步"按钮。

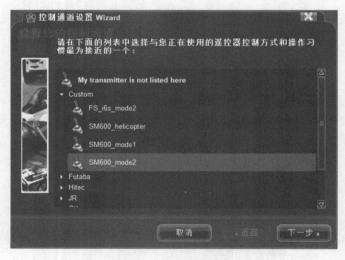

图2-39　选择遥控器控制通道

步骤9：至此，新遥控器配置已全部完成，如图2-40所示，单击"完成"按钮关闭向导。

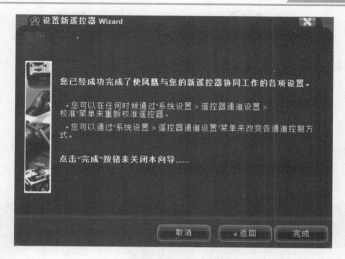

图 2-40 完成遥控器配置

注意：在每次遥控器 USB 接口插拔后，都需要重新校准遥控器，在"系统配置"菜单栏下选择"校准遥控器"，校准步骤同上；若需要更换遥控器通道，可在"系统配置"菜单栏下选择"遥控器通道设置"子菜单。

技能点三：无人机及场地设置

1. 训练目的

掌握 Phoenix RC-凤凰模拟器中更换无人机和训练场地的操作方法。

2. 训练内容

遥控器设置完成后，选择需要练习的无人机模型和对应的练习场地。具体选择方式如下：

（1）选择无人机模型。在模拟器菜单栏中，执行"选择模型"→"更换模型"命令，如图 2-41 所示。

图 2-41 更换无人机模型

如图 2-42 所示，在弹出的"更换模型"对话框中，左侧列表里可以选择多种无人机模型：

1）Airplanes 菜单下是各种固定翼模型，包括战斗机、特技飞行机模型等。

2）Gliders 菜单下是各种滑翔机模型。

3）Helicopters 菜单下包括各种直升机模型。

4）Others 菜单下是一些特殊的旋翼机模型。

5）Multi-rotors 菜单下是各种多旋翼无人机模型，新手推荐使用 Blade Chroma AP 这款机型，该模型也被添加在了 Favourites 菜单中，如图 2-42 所示。进阶练习推荐使用 Blade 350-QX V2 模型。

图 2-42　各种无人机模型

（2）选择练习场地和查看信息。

步骤 1：模拟器中设置了多个飞行场地，在菜单栏中执行"选择场地"→"更换场地"命令，如图 2-43 所示。

图 2-43　更换飞行场地

步骤 2：在弹出的"更换飞行场地"对话框左侧列表中，可选择 2D Panoramic 下的任意一个场地，即可更换不同的飞行场景，如图 2-44 所示。

图 2-44　选择飞行场地

此外，在菜单栏中选择"选择场地"→"场地布局"→"F3C 方框"选项，可以进行无人机起降、悬停训练、360°自旋训练等，如图 2-45 所示；选择"选择场地"→"场地布局"→"F3C 区域"选项，可以绕场地两端的标志杆进行 8 字航线训练、自旋平移训练等，如图 2-46 所示。

图 2-45　场地布局"F3C 方框"

图 2-46　场地布局"F3C 区域"

模拟飞行
定高定点

技能点四：模拟起降训练

1. 训练目的

能够利用 Phoenix RC-凤凰模拟器中的无人机进行起降模拟训练。

2. 训练内容

选择无人机 Blade Chroma AP 模型和 F3C 方框场地，如图 2-41 和图 2-44 所示，进行以下训练（以美国手为例）：

（1）垂直起飞/降落训练。缓慢向前推动遥控器左侧摇杆（即油门），使无人机平滑垂直起飞至目视高度 10~15 s 后，缓慢向后拉动左侧摇杆，使无人机平稳下降。在距离地面 0.2~0.3 m 时，需要注意降低下降速度，使无人机柔和地下降至同心圆范围内，如图 2-47 和图 2-48 所示。

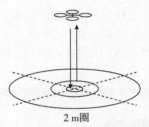

图 2-47　垂直起飞/降落示意

图 2-48　垂直起飞/降落训练

（2）定高飞行训练。缓慢向前推动遥控器左侧摇杆（即油门），使无人机平滑起飞至 2 m 左右，左侧摇杆拉回到中立位置，然后推动遥控器右侧摇杆分别向前、后、左、右四个方向（注意不要使无人机飞出白色方框），进行飞行训练，如图 2-49 所示，最后使无人机降落至同心圆内。

图 2-49 定高飞行训练

技能点五：模拟悬停训练

1. 训练目的

能够利用 Phoenix RC-凤凰模拟器中的无人机进行悬停模拟训练。

2. 训练内容

选择无人机 Blade Chroma AP 模型和 F3C 方框场地，如图 2-41 和图 2-44 所示，进行如下训练（以美国手为例）：

（1）四位悬停训练。无人机以对尾姿态（系统默认）起飞，开始练习。待无人机上升至 2 m 左右时悬停 2 s，操控无人机沿顺时针或逆时针方向依次原地自转 4 个 90°，并在每个 90°位置保持无人机悬停 5 s 以上，最后使无人机缓慢降落至起飞区域内，如图 2-50 所示，具体操作步骤如下：

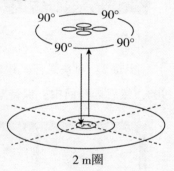

图 2-50 四位悬停示意

步骤 1：对尾悬停。缓慢向前推动遥控器左侧摇杆（即油门），使无人机平滑起飞至 2 m 左右，左侧摇杆拉回到中立位置，保持无人机在同心圆上方悬停 5 s，如图 2-51 所示。

图 2-51 对尾悬停

步骤 2：对左悬停。水平向左推动遥控器左侧摇杆，操控无人机逆时针原地自旋 90°，机头朝左，然后摇杆回中，保持对左姿态在同心圆上方 2 m 悬停 5 s，如图 2-52 所示。

图 2-52　对左悬停

步骤 3：对头悬停。继续水平向左推动遥控器左侧摇杆，操控无人机逆时针原地自旋 90°，然后摇杆回中，保持对头姿态在同心圆上方 2 m 悬停 5 s，如图 2-53 所示。

图 2-53　对头悬停

步骤 4：对右悬停。再一次水平向左推动遥控器左侧摇杆，操控无人机逆时针原地自旋 90°，机头朝右，然后摇杆回中，保持对右姿态在同心圆上方 2 m 悬停 5 s，如图 2-54 所示。

图 2-54　对右悬停

最后，继续操纵无人机按逆时针方向旋转 90°，恢复至对尾悬停状态，即完成了一次四位悬停训练。

在四位悬停操作过程中，悬停旋转时要保持无人机高度不变，无人机位移不超过同心圆，旋转过程中机体无偏航，停止旋转时角度正确，无提前或滞后现象，整个过程中无错舵现象发生。

在逆时针四位悬停练习熟练后，可改为顺时针方向进行四位悬停练习。此外，也可依次按照对尾、对尾左 45°、对左、对头左 45°、对头、对头右 45°、对右、对尾右 45°的顺序进行八位悬停的练习。

（2）360° 自旋训练。操控无人机在 2 m 高度悬停，然后绕自身纵轴旋转 360°（顺时针或逆时针均可），旋转速率为 90°/s，旋转时保持高度不变，停止时无提前或滞后现象，过程中无错舵发生，位移不能超过同心圆，掉高不超过 0.5 m，如图 2-55 所示。

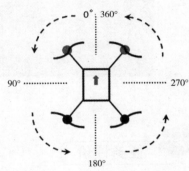

图 2-55　360° 自旋示意

技能点六：模拟航线飞行训练

1. 训练目的

能够利用 Phoenix RC-凤凰模拟器中的无人机进行航线飞行模拟训练。

2. 训练内容

选择无人机 Blade Chroma AP 模型和 F3C 区域场地，如图 2-42 和图 2-46 所示，进行 8 字航线训练，如图 2-56 和图 2-57 所示。

进行 8 字航线训练的要求：一是在画 8 字时不能掉高度；二是注意航向和速度要保持一致，保证点到航线到，即无人机到点时航向也要到点；三是在飞行过程中，要保持飞行速度

模拟飞行
8 字航线

匀速，左右转弯半径相等。

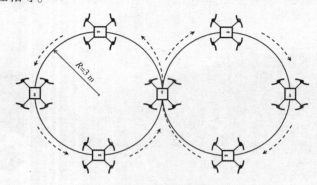

图 2-56　8 字航线训练示意

图 2-57　8 字航线训练

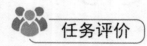

被考评人				考评地点	
考评内容		无人机模拟飞行训练			
考评指标		考评标准		分值	得分
知识掌握	知识点一	知晓模拟飞行的优势		5	
	知识点二	掌握美国手和日本手各自的特点		10	
	技能点一	完成 Phoenix RC-凤凰模拟器的安装		10	
	技能点二	能够配置/校准遥控器，并选择合适的遥控器通道		10	
	技能点三	能够选择合适的无人机模型及场地		10	

续表

	考评指标	考评标准	分值	
知识掌握	技能点四	能够完成垂直起降和定高飞行训练	10	
	技能点五	能够完成四位悬停和360°自旋训练	20	
	技能点六	能够完成8字航线飞行训练	10	
素质培养	工作态度	具有耐心细致、精益求精的工作态度	5	
	规范意识	具有工作规范意识，遵守无人机飞行安全规范和法律法规	5	
	劳动精神	具有创新、奋斗的劳动精神	5	
合计			100	

 拓展阅读

　　外场飞行训练不仅要求对无人机的各项技术参数有深入的了解，而且需要操作者具备精益求精的态度。在风速变化、地形起伏等不可控因素面前，只有细致入微的观察和反复的实践，才能确保无人机的安全飞行与精准定位。这种不断探索、勇于挑战的精神正是工匠精神的核心所在。想要做得更加精细，更加精准，就是要将99%变成99.9%，这就是工匠精神。外场环境复杂多变，每一次飞行都是对操作者应变能力的考验。面对突发状况，冷静分析、快速决策是需要长期的积累和磨砺的。正如一名精湛的工匠，通过无数次的锤炼，才能打造出无懈可击的作品。

 巩固练习

简答题

1. 简述模拟飞行的优势。

2. 美国手与日本手有什么区别？

3. 使用 F3C 区域场地完成无人机自旋平移训练。

任务三　外场飞行训练

 学习目标

1. 知识目标

（1）掌握多旋翼无人机外场飞行前检查的方法和流程。

（2）掌握多旋翼无人机外场飞行训练的方法和步骤。

（3）了解影响飞行的气象条件。

2. 能力目标

（1）能够熟练地对多旋翼无人机进行外场飞行前检查。

（2）能够依照正确的方法，进行多旋翼无人机外场飞行训练。

（3）能够分析当前气象条件对无人机飞行产生的影响。

3. 素养目标

（1）养成耐心细致、精益求精的工作态度。

（2）具有工作规范意识，训练出良好的操作习惯。

（3）养成遵守无人机安全飞行涉及法律法规的意识。

 任务描述

　　多旋翼无人机以独特的飞行方式和多样的应用场景，正在逐渐成为现代科技领域的一大亮点。外场飞行训练是保障无人机安全、高效运行的关键，在多旋翼无人机的训练中，首要任务是确保飞行操作的准确性和安全性。多旋翼无人机的飞行训练涉及多种复杂的环境应对能力。例如，如何在风力较大的环境下稳定飞行，如何在视线不佳的情况下进行导航等。这些都需要通过大量的实践来积累经验，提高自身的操作技巧。本任务就是通过大量不同航线的实际飞行训练，提高飞手相关精确操控技能，利用现场已有的多旋翼无人机完成典型航线的实飞训练。

 知识链接

知识点一：安全飞行教育

　　（1）无人机正式起飞前不要打开无人机电源，降落后第一时间关闭电源，养成良好习惯。无人机的螺旋桨转速很高，桨片很薄，与人近距离接触时，很容易因为操作的失误造成伤害。而起降的过程是无人机距离人最近的时候。

　　（2）飞行前检查，当无人机飞到垂直距离 4 m 左右、离人半径 5 m 外的地方，进行检

无人机飞行
的注意事项

查，判断操作是否正常。

（3）不要在人流密集处操作无人机，因为一旦坠机，后果不堪设想，所以一定要防止无人机失控出现伤人的情况。

（4）飞行环境要选择空旷、无干扰、无遮挡的环境和合适的天气。远离会干扰指南针（强磁场、金属物）和遮挡遥控信号（密集建筑物）的区域。

（5）起飞前，要设置好返航，并确保 GPS 信号稳定，能成功刷新返航点后再起飞。

（6）避免暴力操控遥控器控制杆，避免刹车不及时或乱打杆导致的碰撞意外。

（7）时刻关注飞行器电量提示，及时返航不贪飞，保证无人机能顺利返航，不出现意外情况。

（8）无人机飞行时，特别是新飞手要始终将无人机保持在视距范围内飞行，确保飞行安全。

知识点二：飞行气象

无人机的气象飞行环境

由于无人机是在空气中进行飞行的，因此外部的气象条件对无人机的正常飞行会有很大的影响。下面列举一些常见的对飞行有影响的气象条件。

1. 高温或低温天气

在高温环境下，无人机的电机高速运转，会连带产生大量的热量，电机容易产生高温失效，没有升力后容易出现坠机事故，在一些高温极端情况下甚至可以融化一些零部件和线缆。因此，当无人机连续工作在高温环境下一段时间后，需要对无人机及其荷载设备进行及时降温处理。

无人机在严寒的天气下也不能飞行太久，且应在飞行中密切关注电池的情况。因为寒冷会降低电池的效率，且容易发生掉电，所以会导致电机停转等意外情况发生。

2. 雷暴

由对流旺盛的积雨云引起，伴有电闪雷鸣的局地风暴，称为雷暴。雷暴是一种极具危险性的天气现象，尽管现代科学技术已经创造了相当成熟的避雷装置和雷击防护措施，但全球每年仍然有雷暴造成大量的灾祸。在这些灾祸中，航行于雷暴天气里的飞机、船舶遭受到雷电袭击是最易发生的。被雷暴击中的无人机，所有的电子设备马上就会失效，导致坠机事故。

3. 风切变

风矢量（风向、风速）在空中水平方向和垂直方向上的变化称为风切变。对飞机起飞和安全着陆威胁最大的是低空风切变，它不仅能使飞机航迹偏离，而且可能使飞机失去稳定，如果处置不当，将会产生严重后果。

4. 积冰

积冰是指飞机机体表面某些部位聚集冰层的现象。积冰主要是由于过冷水滴或降水中的过冷雨滴遇到飞机机体后冻结形成的，也可由水汽直接在机体表面凝华而成。无人机积冰主要可分为明冰、毛冰、雾凇和霜。无人机一旦发生积冰，它的气动性能就会变差，使正面阻力增大，升力和推力减小，使飞机质量增加，操纵困难，严重时会危及飞行安全。

5. 雾

无人机在大雾中飞行时，其表面会变得潮湿。另外，大雾会影响能见度，给目视飞行造

成障碍。在目视飞行中，飞行环境的能见度会对飞行安全产生影响。大雾天气能见度低于300 m 时，不适宜无人机飞行。

6. 空气湿度

如果无人机在湿度过大的大气环境中飞行，即使不下雨，无人机的表面也会凝结非常多的水汽。对于无人机这类精密的电子产品，水汽一旦渗入内部，很有可能腐蚀内部电子元器件。因此，湿度大的天气，也不建议无人机进行户外飞行。

知识点三：具体风险因素分析

无人机的飞行依赖各种信号的正常运行以实现平稳的飞行。如果信号受到影响，将直接影响无人机的正常运行。因此，为了实现飞行安全，识别影响无人机飞行安全信号的因素尤为重要。

无人机飞行安全

1. 磁罗盘

磁罗盘是指南针。如果磁罗盘信号出现问题，那么飞机将无法识别方向。

（1）磁罗盘避免在磁力较强的区域飞行。如大金属、铁栅栏、磁铁静脉、停车场、桥洞、建筑面积与地下加固大量的铁磁材料等，如果无人机太靠近，其磁场信号将干扰飞机的磁罗盘。

（2）当时间和空间发生很大变化时，需要校准磁罗盘。当无人机空闲时间过长时，其内部磁罗盘信号有可能是漂移的，因此，在长时间不活动后重新飞行需要重新校准磁罗盘，建议超过一周没有飞行的无人机，起飞前要校准磁罗盘。当位置变化很大时也需要重新校准磁罗盘。建议位置超过 10 km 需要再次校准磁罗盘信号。

2. GPS

GPS 可以让无人机准确了解当前位置。但是，在某些特殊情况下，如在高层建筑、峡谷或类似地形中，无人机的 GPS 信号会受到影响，只能在飞机正上方接收少量卫星信号。在这些情况下，需要更加关注无人机的状态，避免安全事故。

3. 遥控信号

（1）遥控控制和无人机的距离。如果无人机超过遥控设备的有效距离，它将不会从遥控设备接收控制信号。这种情况称为失控。

（2）遮挡。遮挡是指操作员和无人机之间存在明显的障碍物。其有两种情况：第一种是阻挡视线无法看到无人机的状态和姿态；第二种是影响无线控制信号的传输，这种情况也可能出现失控情况。

 任务实施

技能点一：多旋翼无人机飞行前检查

1. 训练目的

掌握多旋翼无人机起飞前的检查步骤，确保无人机在起飞后能正常进行工作。

2. 训练内容

（1）无人机设备检查。其主要检查无人机所有的机电和机载设备是否在起飞前能够满足起飞要求。

1）大疆精灵 3 无人机设备检查步骤。

步骤 1：检查遥控器、智能飞行电池及移动设备的电量是否充足。

步骤 2：检查螺旋桨安装是否正确。

步骤 3：检查 Micro-SD 卡是否正确安装。

步骤 4：开启电源，检查相机和云台工作是否正常。

步骤 5：开机后，首先校准指南针，再检查电机是否正常启动。

步骤 6：检查 DJI GO App 是否正常运行，检查飞行状态列表。

步骤 7：检查遥控器的遥控模式、信号连接情况是否正常。

2）猎隼 550 多旋翼无人机设备检查步骤。

步骤 1：上电前应先检查机械部分相关零部件的外观，检查螺旋桨是否完好，如有损坏应更换新螺旋桨，以防止在飞行中发生意外。检查螺旋桨旋向是否正确，安装是否紧固，用手转动螺旋桨查看旋转是否有干涉等。

步骤 2：检查电机安装是否松动，如发现电机安装不紧固应停止飞行，使用相应工具将电机安装固定好。用手转动电机查看是否有电机卡涩、线圈污染、电机轴弯曲等情况，如果有应即刻停止起飞。

步骤 3：检查机架是否牢固，螺钉有无松动现象。

步骤 4：检查云台转动是否顺畅，云台相机是否安装牢固。

步骤 5：检查飞行器电池安装是否正确，电池电量是否充足。

步骤 6：检查飞行器的重心位置是否正确。

步骤 7：检查各个接头是否紧密，插头不焊接部分是否有松动、虚焊、接触不良等现象。

步骤 8：检查所有线缆是否有刮擦脱皮等现象。

步骤 9：检查电子设备是否安装牢固。

步骤 10：检查飞控、接收机、GPS 等的指向是否与飞行器机头指向一致。

步骤 11：检查电池是否存在破损、鼓包胀气、漏液等现象，如出现上述情况，应立即停止飞行，更换电池。测量电池电压容量是否充足。

步骤 12：检查遥控器设置是否正确，遥控器电池电量是否充足，各挡位是否处在相应位置，上电前油门应处于最低位置。

（2）地面检查。飞行前需要检查无人机地面通信，地面站工作是否正常。

（3）飞行环境检查。

步骤 1：检查周围环境是否适合无人机飞行作业，如是否远离障碍物、人群、树木、水面、高压线等。

步骤 2：检查飞行起降场地是否合理。

步骤 3：检查飞行区域的气象条件是否满足无人机起飞的最低气象要求。

步骤 4：检查周围区域是否存在法律或法规限制的禁飞区，如机场重要广场等。

技能点二：多旋翼无人机外场飞行训练

1. 训练目的

（1）掌握多旋翼无人机室外飞行训练的方法与步骤能够依照正确的
方法与步骤进行多旋翼无人机的外场飞行训练。

（2）能够驾驶四轴多旋翼无人机进行平稳起降和悬停。

（3）能够驾驶四轴多旋翼无人机进行四位悬停飞行。

（4）能够驾驶四轴多旋翼无人机进行自转一周飞行。

（5）能够驾驶四轴多旋翼无人机进行航线规划和飞行。

无人机遥控
器的基本操作

2. 训练内容

（1）起飞、降落、悬停训练。

步骤 1：起飞训练。起飞时，远离飞行器，解锁飞控，缓慢推动油门，此时飞行器会慢慢上升，油门推动越多，上升速度越快。若想停止上升，必须降低油门直至飞行器停止上升。

步骤 2：降落训练。降落时，降低油门，使飞行器缓慢靠近地面，距离地面 5～10 cm 处时稍微推动油门，降低下降速度，然后再次降低油门直至飞行器触地，油门降到最低，锁定飞控。

步骤 3：悬停训练。多旋翼无人机由 1 m 高度悬停开始垂直上升至 3 m，进行悬停，悬停 5 s 后，垂直下降至 1 m 进行悬停，如图 2-58 所示。

无人机起

飞及悬停

无人机降落及

降落后检查

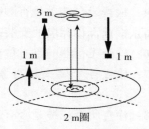

图 2-58　无人机起飞、悬停、降落训练示意

训练要求：在定点降落和起飞的操作中还需要注意保证飞行器的稳定，飞行器的摆动幅度不可过大，否则降落或起飞时，有打坏螺旋桨的风险。悬停训练中上升和下降要保证匀速，飞行器在此过程中位移不超过一个机身位，无明显大幅修正动作。

难点：无人机在上升和下降阶段，由于受气流影响，轨迹不会垂直上下，因此需要在此悬停操作过程中及时修正无人机姿态，这时的打坐方向，合作量大小是保证垂直的关键。

（2）四位悬停训练。

步骤 1：无人机解锁飞控起飞，上升至 2 m 高度时进行悬停。

步骤 2：悬停 5 s 后，向左或向右转动航向，直至完成对尾。

步骤 3：完成对尾后每悬停 5 s，原地旋转 90°，左右均可。从对尾 0° 开始，向左或向右转动航向，进行 90°、180°、270°、360° 四个方向的多旋翼无人机悬停训练，如图 2-59 所示。

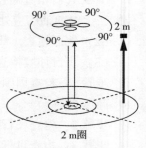

图 2-59　无人机四位悬停训练示意

训练要求：悬停旋转时要保证高度不变，旋转停止时保证角度正确，偏离不超过一个机身位，整个过程中无错舵现象发生。

难点：在旋转过程中，由于受螺旋桨的反扭矩影响，在不操纵前一击和升降舵时会有偏航，而且操作者面对无人机的视角不同，可能会产生操作偏差。需要操作者及时调整思维，做出正确判断，并进行相应修正。

（3）自转360°训练。

步骤1：无人机解锁飞控起飞，上升至2 m高度时进行悬停。

步骤2：悬停5 s后，向左或向右转动航向，直至完成对尾。

步骤3：机身重心纵轴，旋转360°，如图2-60所示。

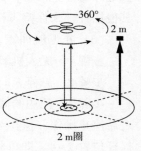

图2-60　无人机自转360°训练示意

训练要求：悬停旋转时要保证高度不变，偏离不超过一个机身位，整个过程中无错舵现象发生，掉高不超过0.5 m。

难点：在旋转过程中，由于受螺旋桨的反扭矩影响，在不操纵前一击和升降舵时会有偏航，而且操作者面对无人机的视角不同，可能会产生操作偏差。需要操作者及时调整思维，做出正确判断，并进行相应修正。

（4）俯冲训练。

步骤1：无人机解锁飞控起飞，上升至3 m时进行悬停。

步骤2：悬停5 s后，向左或向右转动航向，直至完成对尾。

步骤3：操作俯冲的摇杆（美国手是遥控器的右侧摇杆，而日本手是遥控器的左侧摇杆），只要往前推摇杆，无人机就会俯冲向前，如图2-61所示。俯冲操作时，无人机的头会略微下降，机尾会抬起。这样，不仅可以给飞机提供抵消重力的升力，而且提供了前行的力。这时升力也会减小，所以飞行器会降低，可以适当推动油门。

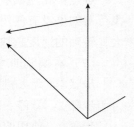

图2-61　无人机向前俯冲训练示意

训练要求：开始俯冲时要让无人机到达一定的高度，特别是对于新手，悬停高度宜距离地面2 m以上，并且确认无人机前行的"航线"上没有任何障碍物（并确保飞行时不会有障碍物移动到飞行器前方或附近）。

难点：如果推动摇杆的幅度过大，机头前的螺旋桨可能会过低，导致飞行器前翻或直接坠机，不要轻易尝试。所以，在推动摇杆俯冲时，推动幅度不能太大，一般只要无人机开始前行即可停止推动，保持摇杆现在的位置，让无人机继续向前飞行。在飞行时还需要使用其他摇杆，来保持飞行方向。

（5）上仰训练。

步骤1：无人机解锁飞控起飞，上升至3 m时进行悬停。

步骤2：悬停5 s后，向左或向右转动航向，直至完成对尾。

步骤3：上仰练习与俯冲操作类似，只是将摇杆从中间位置向后拉动，会出现与俯冲操作相类似的现象，无人机就会向后退行。缓慢拉下摇杆，无人机开始退行时停止拉动摇杆，这时无人机会继续退行。倒退行一段距离后，缓慢推动摇杆直到摇杆恢复到中间位置时停止推动，这时飞行器就会停止退行，上仰练习完成，如图2-62所示。

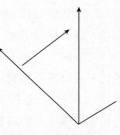

图2-62　无人机向后上仰训练示意

训练要求：开始上仰训练时要让无人机到达一定高度，确保无人机后退的线路上没有任何障碍物，包括操作者也不要站在无人机后面，以免发生意外。

难点：如果推动摇杆的幅度过大，机头前的螺旋桨可能会过高，导致飞行器后翻或直接坠机，不要轻易尝试。所以，在推动摇杆俯冲时，推动幅度不能太大，一般只要无人机开始后退即可停止推动，保持摇杆现在的位置，让无人机继续向后飞行。在飞行时，还需要使用其他摇杆，来保持飞行方向。

（6）左偏航训练。

步骤1：无人机解锁飞控起飞，上升至 3 m 时进行悬停。

步骤2：悬停 5 s 后，向左或向右转动航向，直至完成对尾。

步骤3：使用俯仰操作让无人机前行，然后缓慢将油门杆向左打，之后停止操作，保持当前摇杆位置。这时飞行器实现向左偏航。保持摇杆位置 2~4 s 即可将油门杆的左右方向回中，左侧方向摇杆全部回中，这就是"左偏航"操作，如图2-63所示。

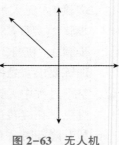

图 2-63　无人机向左偏航训练

训练要求：开始左偏航训练时要让无人机到达一定高度，确保无人机左前方的线路上没有任何障碍物，以免发生意外。

难点：在左偏航时，摇杆轻轻向左摆动。当摆动以后，无人机的机头会开始偏向，其实飞行器如果没有使用俯仰操作时，直接摇动偏航，无人机会原地旋转，摇杆偏离中心位置越大，转动的速度越快。

（7）右偏航训练。

步骤1：无人机解锁飞控起飞，上升至 3 m 时进行悬停。

步骤2：悬停 5 s 后，向左或向右转动航向，直至完成对尾。

步骤3：使用俯仰操作让无人机前行，然后缓慢将油门杆向右打，之后停止操作，保持当前摇杆位置。这时飞行器已经实现右转弯。保持摇杆位置 2~4 s 即可将油门杆的左右方向回中，右侧方向摇杆全部回中，这就是"右偏航"操作，如图2-64所示。

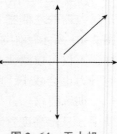

图 2-64　无人机向左偏航训练

训练要求：开始右偏航训练时要让无人机到达一定高度，确保无人机右前方的线路上没有任何障碍物，以免发生意外。

难点：在右偏航时，摇杆轻轻向右摆动。当摆动以后，无人机的机头会开始偏向，其实飞行器如果没有使用俯仰操作时，直接摇动偏航，无人机会原地旋转，摇杆偏离中心位置越大，转动的速度越快。

（8）四面航线飞行训练。

步骤1：飞手站立在训练场地适当位置，无人机解锁飞控起飞，上升至 3 m 时进行悬停。

步骤2：悬停 5 s 后，向左或向右转动航向，直至完成对尾。

步骤3：用遥控器操控多旋翼无人机在对尾姿态下起飞至 A 点，按 A→B→C→D→A 的路线进行匀速飞行，最后落到训练场起飞点处，如图2-65所示。

无人机四面航线飞行

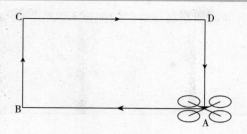

图 2-65 无人机四面航线飞行训练

训练要求：开始四面航线飞行训练时，为避免发生意外，可以先进行机头方向定向四面航线飞行，这种四面航线飞行的难度较低，待到飞行熟练后，再开始机头转向四面航线飞行训练。

难点：机头转向四面航线飞行刚开始时，由于刚开始训练，对遥控器飞行操作与无人机飞行方向有区别，会存在错误操作现象，为避免以上情况发生，刚开始时需要尽量降低飞行速度。

（9）水平 8 字飞行训练。

步骤 1：无人机解锁飞控起飞，上升至 3 m 高度时进行悬停。

步骤 2：悬停 5 s 后，向左或向右转动航向，直至完成对尾，旋翼无人机向前飞行，具备一定的前进速度。

步骤 3：过第 1 个点后压副翼使机头向转弯方向倾斜，然后拉升降舵，使飞行器转弯，同时，控制方向舵使机头始终朝着前进方向，如图 2-66 所示。

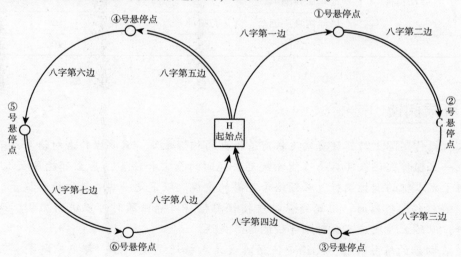

图 2-66 无人机水平 8 字航线

刚开始训练时可以将一个圆分为 8 个点，8 字就是 16 个点，在地上标注好位置，点与点之间飞直线，刚开始时候切记要控制速度与高度，一定要飞到点位。熟练之后，就可以圆滑过渡了，8 字就练成了。

训练要求：飞行速度要保持匀速，左右转弯半径要相等，高度保持不变。

难点：刚开始练习时，可能一个方向转弯比较顺手，另一个方向转弯费劲，致使动作失败。另外，进入转弯时，升降舵和副翼与油门的配合不熟练，也会使飞行器转弯时飞行速度降低或出现爬行现象。

 任务评价

被考评人			考评地点	
考评内容		外场飞行训练		
考评指标		考评标准	分值	得分
知识掌握	知识点一	安全教育入脑入心	5	
	知识点二	了解飞行气象，能判断无人机安全飞行气象条件	5	
	知识点三	具体风险因素分析	5	
	技能点一	严格按照多旋翼无人机飞行前检查步骤检查无人机，确保飞行安全	15	
	技能点二	能够了解外场飞行训练要求，并安全完成相关航线飞行	50	
素质培养	安全意识	注意外场飞行环境及气象是否满足安全飞行条件	5	
	团队合作	能融入集体，愿意接受任务并积极完成	5	
	劳动精神	能够按照现场的规章要求和标准化作业程序进行各种操作和测试	5	
		培养认真、创新、奋斗的精神	5	
合计			100	

 拓展阅读

　　无人机操作实际上与驾驶真实飞机有着很大的相似之处，需要操作者对诸多细节保持高度警觉。一旦操作失误，其后果可能导致无法挽回的损害和伤害，甚至可能危及人员安全。因此，对于无人机的遥控飞行，必须给予足够的重视。以下是一些关键的操作提示。

　　（1）在操作遥控器时，应始终保持手指轻触摇杆，确保随时可以进行微调，避免手指离开摇杆，以防止因反应不及时而导致的操作失误。

　　（2）在初期的练习阶段，无论是使用真实无人机还是模拟器，都应采取柔和且缓慢地控制动作。一旦发现操作错误，应立即向相反方向进行修正，避免因慌乱而做出过大的修正动作，这可能导致连续不断的错误修正，形成恶性循环。

　　（3）油门的控制对无人机的动作幅度有着直接影响。当发现动作难以控制时，应检查油门的位置，确认是否是因为飞行速度过快而导致的问题，并适时调整油门大小以保持稳定的飞行状态。

　　（4）在开始练习之前，务必仔细观察飞行区域周围的环境，这不仅包括地形和障碍物，还应考虑到其他可能影响飞行安全的因素，如风向和风速等，以确保人机安全。

通过遵循这些关键的操作提示，可以显著提高无人机飞行的安全性和稳定性，减少操作失误带来的风险。

 巩固练习

简答题

1. 简述起飞、降落、悬停训练操作手法。
2. 简述四位悬停训练操作手法。
3. 简述俯冲练习操作手法。
4. 简述上仰训练操作手法。
5. 简述左偏航训练操作手法。
6. 简述右偏航训练操作手法。

任务四　无人机航拍训练

 学习目标

1. 知识目标

（1）掌握无人机摄像的前期准备要点，包括飞行环境、天气、时段的选择及飞行器材的准备。

（2）熟悉无人机摄像的操作界面，了解并能够设置曝光、照片、录像等参数。

（3）理解固定镜头的画面参数，包括拍摄距离、方向、角度对拍摄效果的影响。

（4）学习并掌握拍摄时的画面构图法，如三分法、X型构图法等，提升画面美感和表现力。

（5）熟练掌握各种运动镜头的拍摄方式，如推摄、拉摄、摇摄等，增强影片的动态感。

（6）了解并掌握航拍影片的完整制作流程，包括脚本撰写、日程规划、拍摄及后期制作。

2. 能力目标

（1）能够独立完成航拍的前期准备工作，确保飞行安全和拍摄效果。

（2）能够熟练操作无人机摄像设备，调整各项参数，捕捉高质量的画面。

（3）能够运用所学的构图技巧和运动镜头拍摄方式，创作出具有艺术感和表现力的航拍作品。

（4）能够进行航拍影片的后期制作，包括剪辑、调色、添加特效等，制作出高质量的航拍影片。

3. 素养目标

（1）养成在航拍过程中遵守法律法规、尊重他人隐私和权益的意识。

（2）提升团队合作意识，学会在团队中发挥专长，共同完成任务。

（3）具有面对困难和挑战的积极态度，坚持不懈地追求目标。

（4）通过航拍这一独特的视角，关注环境保护。

 任务描述

电影《我和我的家乡》中的《最后一课》单元里患有老年痴呆症的退休教师老范想要回到曾经的教室，为了帮助他找回记忆，由张译扮演的村长一声令下，曾经的同学们一起把教室还原成记忆中的模样。在电影发布的花絮中，能够看到采用了无人机拍摄技术和摇臂技术进行联合拍摄，如图 2-67 所示。本任务主要是对长春南湖公园进行全景航拍，利用无人机视角捕捉南湖公园的自然风光与人文气息，完成航拍训练，如图 2-68 所示。

《最后一课》
花絮

图 2-67　电影《我和我的家乡》花絮

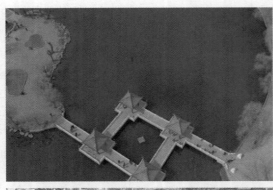

图 2-68　南湖公园秋色拍摄素材

图 2-68　南湖公园秋色拍摄素材（续）

 知识链接

知识点一：无人机摄像的前期准备

1. 飞行环境选择

南湖秋色

理想的飞行环境不仅可以确保拍摄的质量和效果，还能保障无人机及周围环境的安全。因此，飞行环境的选择是使用无人机进行拍摄的首要任务。

使用无人机进行拍摄时，应首选空旷且视野宽阔的地点。这样，有助于无人机稳定飞行，减少因障碍物导致的意外碰撞。同时，空旷的场地还能提供更为广阔的拍摄视角，使拍摄内容更加多样。在选择飞行地点时，还应尽量避开人群和其他可能干扰飞行的因素，以确保无人机在飞行过程中不会对人或财物造成损害。

除考虑飞行环境的安全性外，还需要严格遵守《无人驾驶航空器飞行管理暂行条例》等相关法规，确保飞行活动合法合规。特别是要避免在禁飞区和禁止拍摄区域内进行飞行与拍摄活动，如边境地区、军事管理区、宗教信仰区域及住宅密集区等。在这些地方飞行不仅可能触犯法律，还可能对国家安全和个人隐私构成威胁。

除以上需要注意的要点外，还应该远离高压电线、无线电发射塔等可能对无人机的遥控信号造成干扰的设施。尽量避开这些干扰源，防止发生飞行事故。

2. 飞行天气选择

想要获得高质量的航拍画面，飞行天气的选择尤为重要，它直接影响无人机的飞行稳定性和拍摄画面的质量。

选择飞行天气的基本原则：尽量选择晴朗且风力较小的天气进行拍摄。在这样的天气条件下，无人机能够平稳飞行，摄像头捕捉到的画面也会更加清晰细腻。晴朗的天空意味着光线充足，色彩更加鲜明，为拍摄提供了得天独厚的条件。同时，微弱的风力或无风状态，可以减少无人机在飞行过程中可能出现的晃动，从而保证拍摄画面的稳定性。不良的天气条件会给无人机拍摄带来诸多困扰和挑战。在遇到降雨、降雪、冰雹、高温、低温、云层、雾气

和强风等复杂天气时，需要格外警惕，一旦出现这些恶劣天气的征兆，应避免飞行。即使在飞行过程中突然遇到此类天气，也应立即采取措施保护无人机，等待天气好转后再起飞，以确保无人机的安全和拍摄的顺利进行。

为保证天气情况满足拍摄要求，可以关注天气预报，在天气预报网（http://www.weather.com.cn/）查询近期的天气，确定拍摄时间，如图 2-69 所示。

图 2-69　天气预报

3. 飞行时段选择

由于无人机拍摄大多数在户外，因此拍摄时间的选择，实际上就是对自然光线的运用和把握。在摄影艺术中，光线是最基本，也是最重要的元素之一。早晨和黄昏被誉为摄影的"黄金时段"，在这两个时段，太阳的角度较低，光线透过大气层时路径较长，散射作用使光线变得柔和而温暖。这种柔和的光线不仅能够减少画面的阴影部分，使细节更加丰富，还能为整个画面披上一层金色的光辉，营造出一种梦幻而浪漫的氛围。

除早晨和黄昏这两个黄金时段外，中午的直射阳光可能会导致画面出现过曝和强烈的阴影，但在一些特定的场景下，如拍摄沙漠、海滩等广阔场景时，强烈的阳光反而能凸显出画面的层次感和立体感。而在阴天或多云天气下，光线均匀而柔和，也是拍摄的好时机。

4. 航拍前准备

在航拍前，飞行器动力电池、遥控器电池和手机都充满电。飞行器和遥控器的电量直接关系飞行的时间和稳定性。手机作为连接飞行器和遥控器的桥梁，可以实时监控飞行状态、调整拍摄参数及查看实时图像。如果手机电量不足，可能会导致连接中断，甚至影响飞行器的安全返航。此外，还应考虑携带备用电源，可以在电量耗尽时及时为设备充电，确保拍摄能够持续进行。

在存储方面，应确保存储卡有足够的空间。无人机拍摄通常会生成大量的高清视频和照片，这些高清视频和照片会占用大量的存储空间。如果存储卡空间不足，可能会导致拍摄中断，甚至丢失重要的拍摄数据。因此，在拍摄前检查存储卡的剩余空间，并根据需要备份和清理数据，如图 2-70 所示。

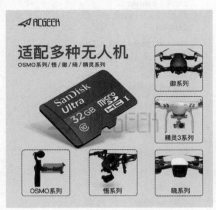

图 2-70　各种类型的存储卡

　　为了获得理想的拍摄效果，还可以为镜头配置一些专业的配件。例如，不同的滤光镜可以在不同的光线条件下获得理想的拍摄效果，如图 2-71 所示。在阳光强烈的环境下，使用偏振镜可以减少反射光，使画面更加清晰；而在光线较暗的环境下，使用中性密度滤镜可以延长曝光时间，从而捕捉到更多的细节。遮光罩也是一个非常实用的配件，如图 2-72 所示。它可以有效地防止杂光进入镜头，提高画面的纯净度和对比度。同时，遮光罩还能在一定程度上保护镜头免受碰撞和划伤。

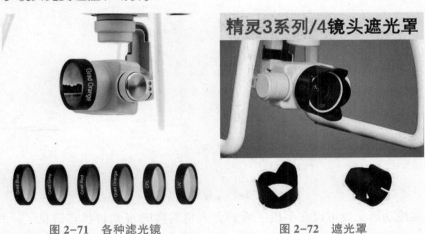

图 2-71　各种滤光镜　　　　　　图 2-72　遮光罩

5. 无人机连接手机

下面以大疆精灵 3 为例，对连接手机和大疆精灵 3 的具体步骤进行介绍。

（1）打开大疆精灵 3 遥控器和无人机电源，确保两者处于工作状态。

（2）打开手机，在应用商店中搜索并下载大疆 GO 应用（DJI GO），如图 2-73 所示。

（3）将手机的 Wi-Fi 连接到大疆精灵 3，Wi-Fi 名称通常为"PHANTOM 3 ××××"，密码默认为"12341234"，如图 2-74 所示。

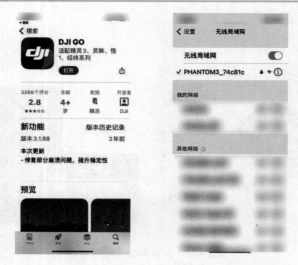

图 2-73　应用软件 DJI GO　　图 2-74　连接 Wi-Fi

（4）打开大疆 GO 应用程序，进入主页面，单击右上角的"连接"按钮，选择"无人机"选项，然后按照应用程序的提示进行连接，如图 2-75 所示。

图 2-75　连接设备

（5）连接成功后，就可以在手机上看到无人机的实时视频和状态信息了，并且可以通过应用程序控制无人机的飞行和相机。

6. 其他准备

在使用无人机拍摄影片之前，出镜的演员需要根据剧本的要求，提前准备好适合的化妆、服装和道具，这样，不仅可以强化角色的形象，还可以使影片更加真实、引人入胜。

当影片剧情较为复杂时，排练就显得尤为重要。排练不仅可以确保在拍摄过程中更加流畅，还可以帮助演员更深入地理解和塑造角色。

知识点二：无人机摄像的操作界面

1. DJI GO 拍摄的界面

进入"相机"界面后，平面上除拍摄的画面外，主要可分为五个功能区，如图 2-76 所示。

无人机
导航模式飞行

（1）自动起降区：包括自动起飞和自动降落两个按钮。

（2）飞行参数区：包括当前定位、飞行距离（D）、飞行高度（H）、水平速度（$H.S$）和垂直速度（$V.S$）等。

（3）飞行信号区：包括飞行器信号、遥控器信号、Wi-Fi 连接信号、电池电量等。

（4）拍摄参数区：分为照相参数和录像参数两种状态，由切换按钮控制。

（5）拍摄区：第一个按钮负责照相/录像模式的切换，第二个按钮是开始照相/录像，第三个按钮可以修改拍摄参数。

图 2-76 "相机"界面

2. 曝光参数的设置

无论拍照还是录像，曝光是最重要的参数，如图 2-77 所示。所谓曝光，是指在摄影摄像过程中进入镜头照射在感光元件上的光量，由光圈、快门速度、感光度的组合值来控制。在定焦镜头下，可以使用快门速度和感光度调节曝光度。

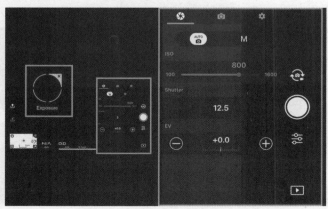

图 2-77 曝光参数

曝光模式一般有手动和自动两种。刚接触无人机摄影时，可以先使用自动曝光模式。当选择自动曝光模式时，画面的亮度与以下几个参数有关。

（1）自动曝光测光点（Exposure）。按照当前测光点的位置设置自动曝光度。测光点越暗，整体画面越亮；测光点越亮，整体画面越暗。

（2）感光度（ISO）。感光度是感光元件对光的敏感度，ISO 越高，画面越亮。

（3）快门速度（Shutter Speed）。快门速度是指 1 s 内快门打开的次数，快门速度越高，说明曝光时间越短，进光量少，画面越暗。

（4）EV 值。在一些特殊条件，如夜景和逆光等情况下，自动测光系统不能对被拍摄主体进行正确的测光，从而使相片不能正确地曝光。这时，就要依照经验修订 EV 值，人为地干预相机的自动曝光系统，从而获得更准确的曝光。若照片过暗，则可以增加 EV 值；若照片过亮，则可以减小 EV 值。

3. 照片参数

照片参数包括拍照模式、照片尺寸、照片格式等，如图 2-78 所示。

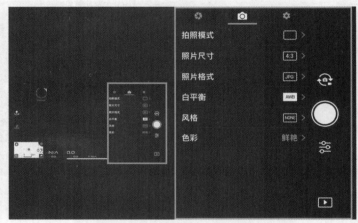

图 2-78　照片参数

（1）拍照模式。拍照模式主要是指单拍、HDR 拍摄、连拍、AEB 连拍、定时拍摄等模式。其中，AEB 连拍是指通过连续拍摄多张不同曝光的图片经过后期堆栈处理，最终合成一张曝光准确、图像清晰的图片，需要用到图像处理软件，如图 2-79 所示。

图 2-79　拍照模式

（2）照片尺寸。照片尺寸主要是指照片的比例，包括常见的 4∶3 和 16∶9 两种。

（3）照片格式。照片格式包括 RAW 和 JPEG 两种，如图 2-80 所示。RAW 格式是一种记录相机光学传感器的原始信息的无损照片格式，但是占用内存较大；JPEG 格式是有损压缩，在一些高要求的摄影环境中不适用，但在学习阶段已经足够。

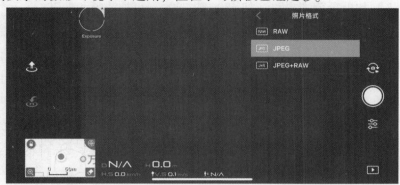

图 2-80　照片格式

4. 录像参数

当将模式切换成录像时，视频的存储参数包括视频尺寸、视频格式和视频制式，如图 2-81 所示。

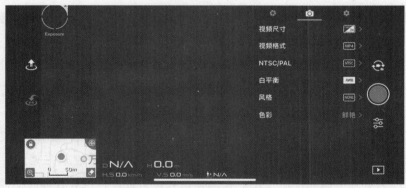

图 2-81　录像参数

视频尺寸参数（图 2-82）如下：

图 2-82　视频尺寸

（1）分辨率。分辨率通常表示为宽度和高度的像素数量，如 1 920×1 080（常称为 1 080p）或 3 840×2 160（4K 分辨率），指的是一个视频帧的宽和高所含的像素点数。分辨率越高，视频中每一帧的像素数量就越多，从而能够显示更多的细节和清晰度。高分辨率视频（如 4K 或 8K）比低分辨率视频（如 480p 或 720p）更加清晰和细腻。

在视频编辑中，调整视频大小通常涉及视频的分辨率和尺寸。从大到小调整视频尺寸一般是可行的，因为这只是减少像素和重新采样图像的过程。但是，从小到大调整视频则更为复杂，因为涉及增加不存在的像素信息，即所谓的"上采样"或"插值"。从小到大的调整通常会导致图像质量的明显下降，特别是在放大的尺寸远远超过原始尺寸时。因此，在存储空间允许的情况下，录制时尽量选择大分辨率。大分辨率的视频在后期编辑时提供了更大的灵活性，可以轻松地裁剪、缩放或进行其他视觉效果处理，而不会显著降低图像质量。这对于专业视频制作尤为重要。

（2）帧频。帧频是指每秒内显示的静止图像（帧）的数量。在视频录制和播放中，帧频是决定视频流畅度和连贯性的关键因素。

（3）视频编码格式。视频编码格式通常有 MP4 和 MOV 两种。

1）MP4 是一种广泛使用的视频编码格式，由国际标准化组织和国际电工委员会下的动态图像专家组制定。它具有广泛的平台兼容性。MP4 格式支持高质量的视频压缩，同时保持相对较小的文件大小，便于存储和传输。

2）MOV 是 Apple 公司开发的视频文件格式，具有高质量的视频压缩和无损压缩特性。MOV 格式在 Apple 设备上得到广泛支持，同时，也兼容其他主流计算机平台。这种格式特别适用于需要高质量视频输出的场景，如专业影视制作等。

视频制式可分为 NTSC 和 PAL 两种。NTSC 制式起源于美国，这种制式主要在美国、加拿大、日本及一些西半球国家使用；PAL 制式起源于德国，这种制式在德国、英国等西欧国家及中国、澳大利亚等国家广泛使用。在选择视频设备或进行视频处理时，需要根据实际需求和使用环境选择合适的制式。

知识点三：固定镜头的画面参数

1. 固定镜头

镜头的运动可分为固定镜头和运动镜头两种形态。固定镜头（图 2-83）通常被称为"镜头之母"，在拍摄时，始终保持固定的位置不动，录制稳定的镜头画面。固定镜头并不是完全像照片一样，绝对静止，而是镜头在拍摄过程中，只发生时间的变化流逝，不发生摄像机的任何动作。而演员的动作表演，被拍摄主体的位移变化，会使镜头赋予一定的动感，形成动态构图。由于固定镜头的稳定性较强，能够使观众更关注画面中的产品、主体的表演、动作、细节及场景等，可以全身心地投入情绪、故事或台词中。但一个固定镜头的时间不宜过长，否则会造成单调、冗赘、乏味的身心感受。

图 2-83　唇膏广告《红墙下的南风》固定镜头

2. 拍摄距离

拍摄距离是指摄影机与被拍摄主体之间的相对距离，也称为景别，是镜头画面中最基本的表达形式。景别所强调的是画框内呈现人物或事物的大小、远近和范围，可以展现整体全貌，也可以突出局部细节。景别的选择对于镜头的感觉和故事的叙述有着深远的影响。一般来说，景别是以人作为划分依据的，可分为远景、全景、中景、近景及特写五种类别（图 2-84）。

（1）远景：表现远处的景观、景貌，展现环境及人物环境的关系，强调意境意味和气势氛围。

（2）全景：人物的全身形象或一个场景的全貌，比远景看得更清晰一些，强调人物的肢体动作、运动姿态，构图标准为从头到脚的完整性，起交代人与人之间或人与环境之间的关系的作用。

（3）中景：人物膝盖以上，取大半身形象，既能够看清楚人物动作也能够交代人物神情，属于叙事性景别，通常在片中所占比例较大，可以很好地表现人物之前的交流感。

（4）近景：人物胸部以上，占据画面构图的一半以上，环境居次要地位，重点通过人物的眼神展现内心的情绪和心理活动，因此是展现内心的一种景别，通常与背景实现前实后虚的艺术效果。

（5）特写：人物肩部以上，取整个头部进行构图，或表现人肌体的某一局部，如一张嘴、一双眼睛、一只手等，起强调作用，具有较强的视觉冲击力。

无人机拍摄可以捕捉到的景别取决于无人机的飞行高度、镜头焦距以及拍摄技巧。通常无人机拍摄以远景、全景或中景为主。距离拍摄对象过近，可能会造成危险。

除上述的基本景别外，无人机拍摄还可以实现一些特殊的视觉效果，如俯仰视角、环绕视角等，为观众带来全新的视觉体验。同时，无人机的灵活性和高度可调性也使其非常适合拍摄各种动态场景和复杂的环境。

图 2-84 景别

3. 拍摄方向

在摄影构图中，拍摄方向主要根据摄像机与被拍摄主体的水平 360° 方位定义，如图 2-85 所示。

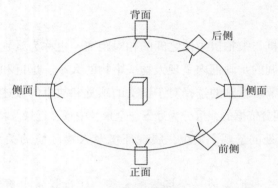

图 2-85 拍摄方向

（1）正面方向：摄像机拍摄被拍摄主体的正面形象，直接面对被拍摄主体，能够完整地展现其正面的特征，优势在于庄重、均衡、对称，但也容易略显呆板，不够灵动。

（2）侧面方向：摄像机位于被拍摄主体的侧面，与其呈现左右对称的 90° 垂直关系。能够展示被拍摄主体的轮廓和侧面特征，突出主体的线条、形状、姿态及动作的方向性。

（3）前侧方向：摄像机位于被拍摄主体的前侧方，能够同时展示被拍摄主体的部分正面和部分侧面特征，具有一定的立体感和动态感，比较生动、多面，也被誉为最好的拍摄方向，同时易于形成对角线构图。

（4）后侧方向：摄像机位于被拍摄主体的斜后方，既展示被拍摄主体一部分的背面特征，又呈现其一部分的侧面特征，创造一种神秘感和特殊的视角。当拍摄双人交流对话镜头时，可利用后侧拍摄方向，形成两者的过肩镜头，有利于强调主次关系。后侧与前侧统称为斜侧。

（5）背面方向：摄像机直接拍摄被拍摄主体的背面形象。由于画面无法展现人物的面部表情和神态，因此人物的肢体语言尤为重要，通过人物的轮廓造型、动作姿态，可以传情达意，引发一种隐秘感、神秘感或引发观众的好奇心，延展联想空间。

4. 拍摄角度

拍摄角度主要是根据摄像机与被拍摄主体垂直 180° 的方位定义，如图 2-86 所示。

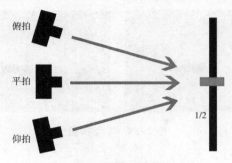

图 2-86　拍摄高度

（1）平拍：摄像机与人物肩部高度一致，模拟人眼的水平位置，产生一种平视的视角，客观、稳定、平静、公正，适用于大部分日常场景的拍摄，也能够表现出一种不带有主观情绪的纪实记录感。

（2）仰拍：是指摄像机以较低的视角，从下往上拍摄，模拟人眼仰头向上观看的感受。仰拍能够使被拍摄主体显得较高大、壮观、神圣或威严，常用于拍摄建筑、树木、天空、超高人物、英雄、警察等主体形象。

（3）俯拍：是指摄像机以较高的角度从上往下拍摄，产生居高临下的视觉感受，使被拍摄主体显得渺小、弱小或脆弱，常用于拍摄小孩、小动物等，常常与远景相结合，航拍山川、河流、原野、楼宇、千军万马，以强调宏伟壮观的磅礴气势，具有较强的视觉冲击力。

知识点四：拍摄时的画面构图法

1. 三分法

三分法（图 2-87）也称为九宫格构图法、井字形构图法，是指将镜头画面横竖三等分，呈现出的四个交点，即视觉焦点。将被拍摄主体设置在这四个交点或交点的沿线上，能够使画面看起来不会过于死板、单调，而是充满生动的灵性，具备美感和吸引力。

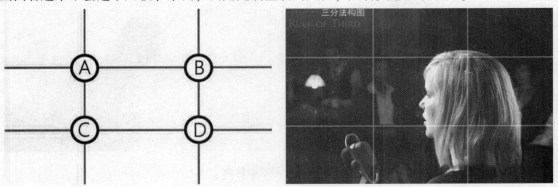

图 2-87　三分法构图

2. X 型构图法

X 型构图法（图 2-88）属于中心对称式的构图方法，是将镜头画面中两条对角线交叉，在画面中心产生交点，成为视觉中心。这是一种将主体置于画面中央交点或交点沿线上的构图方式。其强调均衡、公正、对称、庄重、规则的视觉效果，在突出主体的同时，也能够带来直面而强烈的视觉冲击力。

图 2-88　X 型构图

3. 对角线构图法

对角线构图（图 2-89）也称为斜线构图，将被拍摄主体放置在画面的对角线方向的沿线上，只要存在对角线的斜线运动趋势，就可以视为对角线构图，这种构图有显性和隐性两种状态，显性的对角线构图能够看出明显的引导线或线条透视，就像一条斜线一样，形式清晰直观，如桥梁、公路、栅栏、水平面、一束光、一支笔等；隐性的对角线构图通常表现为像把一个个散落的点斜线摆放排列一样，形成对角线趋势即可，如斜着摆放的一排排的书、一排排的书桌、一排排的棋子，它们没有明显的斜线线条形状，但将它们按照摆放方向连成一条线时，就会呈现斜线对角线的状态。对角线构图能够带来一种运动感和张力感，活泼、生动，使画面赋予生命力，视觉效果独特而新颖。

图 2-89　对角线构图

4. 三角形构图法

三角形构图（图 2-90）通常针对复合主体或事物本身的三角形态。复合主体是指画面中呈现出两个或两个以上的主体。利用三角形的几何形状来创造平衡、稳定、有高低错落立体感的画面。在应用三角形构图法时，寻找画面中的线条、形状、物体或人物之间的关系，在构图中创造出三角形的元素或整体。

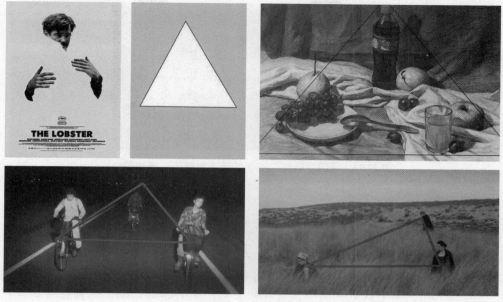

图2-90　三角形构图

知识点五：运动镜头的拍摄方式

1. 推摄镜头

推摄镜头（图2-91）也称为"推镜头"或简称"推"，是指镜头逐渐向前推进，形成由远及近的视点效果。当镜头逐渐靠近被拍摄主体或场景时，画面更具密集性和紧凑感，可提升观众的视觉关注度。根据画面的产品、内容和情节，镜头可以慢推、快推或中速推摄。推镜头使景别越来越小、环境越来越少。

图2-91　阿玛尼唇膏广告《红墙下的南风》慢推镜头

2. 拉摄镜头

拉摄镜头（图2-92）也称为"拉镜头"或简称"拉"，与推镜头相反，是指镜头向后拉远，远离被拍摄主体或场景的运动形式，形成由近及远的视点效果。这种镜头能够创造出宽阔的视觉画面，营造出冷静或思考的氛围，具有沉寂、安宁、豁然开朗或揭露真相的心理感受。拉镜头常用于展示环境、切换场景或表达角色的内心世界。拉镜头使景别越来越大、环境越来越多。

图 2-92　阿玛尼唇膏广告《红墙下的南风》慢拉镜头

3. 摇摄镜头

摇摄镜头也称为"摇镜头"，简称"摇"，包含横摇和纵摇。横摇（图 2-93）是指水平转动镜头，向左或向右摇摄，横向捕捉主体或场景，视点很像人转动头部左右环顾一般。180°以内的摇摄属于"半摇"；360°的摇摄称为"环摇"，也称为旋转镜头。横摇的作用可以更好地交代人物与环境的关系，能够改变水平视角的构图。纵摇属于机头垂直向上或向下转动，视点像人抬头向上或低头向下观看一样，是镜头的俯仰运动，具有改变垂直视角构图，表达高大关系的作用。

图 2-93　《可口可乐》创意广告从右向左横摇镜头

4. 移摄镜头

移摄镜头（图 2-94）也称为"移镜头"，简称"移"，是通过摄影机发生运动位移而拍摄的镜头。将摄像机放置在移动轨道上，或汽车、火车、船只、飞机等运输装置上，进行移动拍摄，包括航拍镜头，通过改变摄影机的角度，创造出不同的视角。随着移动装置速度的快慢变化，呈现出不同视觉冲击效果的画面。

图 2-94　文旅类短视频《脉动长春》移摄镜头

5. 跟摄镜头

跟摄镜头（图2-95）简称"跟"，是指摄影机跟随着被拍摄主体或运动物体的运动而移动拍摄，速度基本与被拍摄主体保持一致，始终保证被拍摄主体在画面中的构图不变，景别不变，并保持住焦点，强调突出主体的作用，避免出现跟丢或主体失焦的情况。

图 2-95　汽车类短视频跟镜头

知识点六：航拍影片的制作流程

航拍影片的基本制作流程主要包括撰写脚本、规划日程、拍摄影片、后期制作、影片发布五个步骤。

1. 撰写脚本

选定主题：如环境保护、城市风光、自然风光、人文历史等。

明确目的：确定影片要传达的信息或情感，以及期望观众产生的反应。

描述场景：详细描述每个场景的背景、环境和氛围。

动作对话：列出每个场景中的角色动作和对话内容。

镜头指示：包括镜头类型（如远景、中景、近景、特写等）、运镜方式（推、拉、摇、移等）及拍摄角度。

时间长度：预估每个镜头的拍摄时间或持续时间。

特效音乐：注明需要的特效和音乐或音效要求。

2. 规划日程

人员设备：根据脚本需求，列出所需的摄像设备、道具和人员配置。

时间安排：制订拍摄时间表，确保所有工作按照计划进行。

地点勘察：提前到拍摄地点进行勘察，了解环境、光线等因素。

3. 拍摄影片

拍摄影片时，要严格遵循脚本进行拍摄。做好准备工作，检查摄像设备和储存空间，到达拍摄地点后布置场地并调试好设备。拍摄时，可以集中拍摄同一时间段的分镜头，按照分镜头脚本调整无人机角度、高度和速度，以获得理想效果。同时，监控拍摄效果，实时调整，确保画面质量。拍摄结束后，安全降落无人机，整理并备份素材。遵循脚本拍摄能确保影片连贯、高效，并保持与团队的沟通，及时解决问题。

4. 后期制作

后期制作是指在影视作品拍摄完成后，对所拍摄的素材进行编辑、合成、特效处理及配音等工序，最终制作出完整的影片。

（1）影片剪辑。对拍摄的影片素材，根据脚本和需求进行非线性的剪辑、拼接。其包括镜头的删减、增加、组接等。

（2）影片调色。调色是对拍摄完成的影片进行色彩调整的过程，旨在通过色彩校正、白平衡调整、色调和色阶的改变等手段，使画面色彩更加自然、平衡且富有艺术感。

（3）添加特效。为视频素材添加各种特效，如 Logo、字幕（如中外文字幕、修饰字幕等）、转场特效、三维特效、多画面效果等，以增强视频的视觉冲击力。

（4）音频处理。音频处理包括去除原声，背景音乐、特殊音效的选择与编辑，以及专业播音员的配音解说等。

5. 影片发布

编辑完成的影片需要转换为可供观看的格式并分享或发布。根据发布平台和观看设备的要求，选择合适的输出文件格式，如 MP4、MOV 等，并兼顾影片文件的分辨率和比特率，以确保影片质量和兼容性。

 任务实施

技能点一：脚本撰写

1. 训练目的

掌握多旋翼无人机航拍的脚本编写内容和编写方法。

2. 训练内容

利用剪映软件自带的脚本创作功能创作脚本。

步骤 1：在剪映官方网站（https：//www.capcut.cn/）上登录抖音账号，并单击"进入工作台"按钮，如图 2-96 所示。

图 2-96　剪映官方网站

步骤 2：单击"创建脚本"按钮，如图 2-97 所示。

图 2-97　创建脚本

步骤 3：在脚本视图下编辑脚本表格的字段，按照字段创作拍摄脚本，如图 2-98 所示。

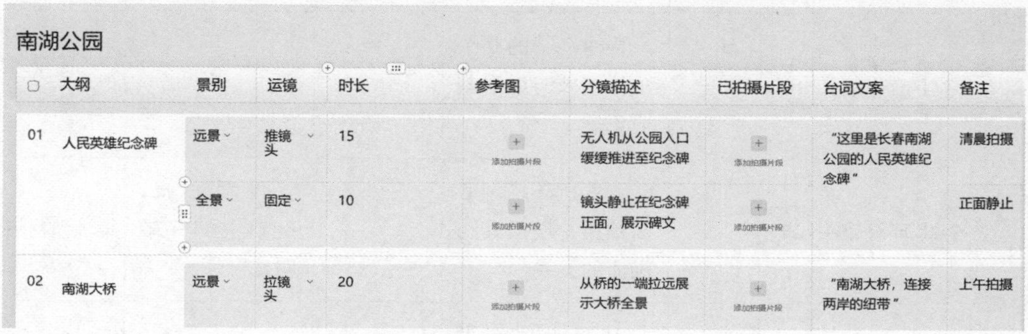

图 2-98　脚本视图

创建的内容见表 2-1。

表 2-1　南湖公园宣传片脚本

大纲	景别	运镜	时长	参考图	分镜描述	已拍摄片段	台词文案	备注
人民英雄纪念碑	远景	推镜头	15 s		无人机从公园入口缓缓推进至纪念碑		"这里是长春南湖公园的人民英雄纪念碑"	清晨拍摄，金色阳光，暖色调
	近景	静止镜头	10 s		镜头静止在纪念碑正面，展示碑文		无	
南湖大桥	全景	拉镜头	20 s		从桥的一端拉远展示大桥全景		"南湖大桥，连接两岸的纽带"	上午拍摄，阳光明媚，自然色调
	中景	移镜头	10 s		镜头从桥面移至湖面，展示波光粼粼的湖水		无	注意光线

大纲	景别	运镜	时长	参考图	分镜描述	已拍摄片段	台词文案	备注
古典拱桥	中景	摇镜头	15 s		镜头围绕拱桥旋转拍摄，展示其古朴风貌		"这座古典拱桥见证了历史的变迁"	中午拍摄
	近景	跟镜头	10 s		跟随游客上桥，展示桥上的石砖与雕刻		无	注意行人
四亭桥	远景	旋转镜头	20 s		无人机围绕四亭桥旋转拍摄，展示其全貌		"四亭桥，每一步都是风景"	下午拍摄
	特写	静止镜头	10 s		特写亭子的某个独特细节，如雕刻或彩绘		无	需要微距镜头
湖心岛	全景	环绕镜头	25 s		无人机环绕湖心岛拍摄，展示其与湖面的关系		"湖心岛，南湖中的一颗明珠"	傍晚拍摄
	远景	甩镜头	15 s		从岛上甩至湖面，展示湖面的宽广		无	注意飞行安全
白桦林	远景	推镜头	20 s		从林外推至林内，展示白桦林的茂密		"白桦林，城市的绿洲"	黄昏拍摄
	特写	静止镜头	15 s		特写白桦树的树皮或树叶细节		无	

技能点二：线路规划

1. 训练目的

掌握多旋翼无人机航拍航线规划。

2. 训练内容

严格按照国家及省市关于航空器的相关法律法规要求，同时根据拍摄脚本的编写内容，规划南湖公园航拍合理的飞行线路。

步骤1：拍摄纪念碑的全景及碑文细节，捕捉纪念碑的庄严肃穆。

步骤 2：抵达四亭桥，拍摄桥梁和亭子的全景，着重拍摄亭子的建筑风格、雕刻和彩绘细节。

步骤 3：抵达湖心岛，拍摄岛屿全景及其与湖面的关系，详细记录岛上的建筑、植被和自然景观。

步骤 4：抵达南湖大桥，拍摄桥梁全景和湖面风光，捕捉桥上的交通和人流情况，展现大桥的活力。

步骤 5：抵达古典拱桥，拍摄桥梁的古朴风格和整体构造，尝试多种拍摄角度，展现拱桥的线条美和光影效果。

步骤 6：抵达白桦林，捕捉白桦林的茂密景象和林间的光影变化。

长春南湖公园参考拍摄航线规划，如图 2-99 所示。

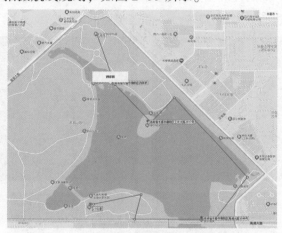

图 2-99　线路规划图

技能点三：飞行拍摄

1. 训练目的

掌握多旋翼无人机航拍的拍摄手法和飞行姿态。

2. 训练内容

根据规划航线进行实飞航拍。

步骤 1：侧面航拍。保持无人机的高度不变，从拍摄对象的一侧飞过。摄像头始终围绕拍摄对象，捕捉其侧面的动态和静态画面，如图 2-100 所示。

图 2-100　侧面飞过

图 2-100 侧面飞过（续）

步骤 2：高空平摇。将无人机飞到理想的高度后，缓慢平摇镜头。可以从左到右，再从右到左进行摇摄，最后进行 360°的旋转，以增强画面的动态感，如图 2-101 所示。

图 2-101 高空平摇

步骤 3：垂直升降。在垂直方向上尝试升降，同时让镜头跟随某一特定对象。这种手法可以在多层建筑或其他具有高度的场景中运用，创造出独特的视觉效果，如图 2-102 所示。

图 2-102 垂直升降

图 2-102　垂直升降（续）

步骤 4：渐近展现。无人机先远离拍摄主体，摄像机朝下，从远到近缓慢接近对象的过程中，逐渐上摇镜头，直到完美呈现拍摄主体，如图 2-103 所示。

图 2-103　渐近展现

技能点四：手机端后期制作

1. 训练目的

使用 DJI GO 创作影片的自动编辑功能，将无人机拍摄的画面转化为影片，能够快速制作影片。

2. 训练内容

利用 DJI GO 创作影片的自动编辑模式，将无人机拍摄的画面快速制作成影片。

步骤 1：在自动编辑模式下选择编辑器中的"创作"选项后，单击"创建影片"按钮并选择"自动编辑"选项，如图 2-104 所示。

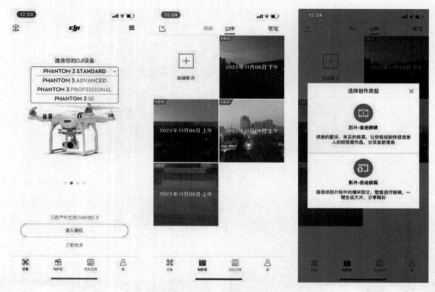

图 2-104　使用 DJI GO 创作影片

步骤 2：从素材库中选择心仪的视频片段和照片，DJI GO 便会根据所选素材自动生成影片。可以依据个人喜好，从时尚、史诗、运动、积极、振奋、温和等多种模板中选择，为影片加入片头和滤镜效果，App 还能智能地从视频中提取精彩片段，省去了逐一筛选的烦琐。如果不满意，"换批素材"操作可以重新进行选择，如图 2-105 所示。

图 2-105　换批素材

步骤 3：编辑完成后，单击右上角的"分享"按钮，DJI GO 将开始正式合成影片。待进度条完成后，用户便可以选择分享平台。在默认情况下，影片会分享到大疆的"天空之城"平台，但用户也可以轻松选择其他社交媒体，如微博、微信朋友圈等，将作品展示给更多观众，如图 2-106 所示。

图 2-106 分享影片

技能点五：计算机端后期制作

1. 训练目的
掌握剪映软件计算机端后期制作的剪辑方法。

2. 训练内容
剪映视频剪辑软件的使用方法及利用该软件进行视频后期制作。

步骤 1：安装软件。剪映是一款流行的视频剪辑软件。在官方网站上单击"立即下载"按钮，下载完成后，找到下载的安装程序文件并双击运行，在选择好安装路径后，单击"立即安装"按钮或相应的安装按钮开始安装过程。安装完成后，可以在桌面上找到剪映的快捷方式，或在开始菜单中找到剪映并启动，如图 2-107 所示。

图 2-107 安装剪映软件

步骤 2：软件界面。启动后，需要用电话号码或抖音账号登录，如图 2-108 所示，即进入了剪映的开始界面，单击"开始创作"按钮，既可自动创建一个以当前日期为命名的工程，也可单击"名称"进行修改，如图 2-109 所示。

图 2-108　剪映的开始界面

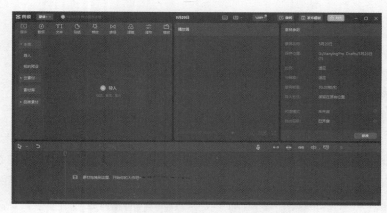

图 2-109　剪映的工程界面

步骤 3：影片剪辑。剪映的操作界面由媒体素材区、播放器区、属性调节区、时间线区构成，如图 2-110 所示。

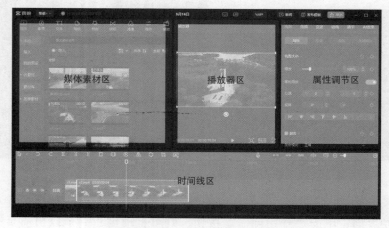

图 2-110　剪映的操作界面

（1）媒体素材区：主要用于展示和导入各种媒体素材，如视频、图片、音频等。用户既可以从本地导入素材，也可以使用剪映提供的线上素材库。素材区还提供了搜索功能，方便用户快速找到所需的素材。

（2）播放器区：提供了一个实时的视频预览窗口，使用户能够随时查看编辑效果，还可以直接调节素材的尺寸、位置和角度。

（3）时间线区：可以将导入的素材添加或拖曳到时间线上进行编辑，对视频进行切割、拼接、删除素材，以及调整素材的顺序和时长。通过拖动时间线上播放头的位置来预览视频的不同部分。

（4）属性调节区：在时间线上选择某个素材时，属性调节区会显示该素材的相关参数，包括画面属性、音频属性、变速属性、动画属性、色彩调节和 AI 效果等。

影片剪辑是后期制作中最基础的一环，在时间线上，将各个素材片段组合、调整和优化，最终呈现出符合脚本意图的完整作品。在影片剪辑的过程中，排序是首要任务。根据剧本和导演的意图，将拍摄好的素材裁切到合适的位置，并按照故事发展的逻辑顺序进行排列，构建出影片的基本框架。

接下来运用缩放、旋转、裁剪等手法对素材进行精细的调整。这些手法不仅能够修正拍摄中的瑕疵，还能够突出关键信息，引导观众的视线，增强影片的视觉效果。例如，通过缩放可以凸显角色的面部表情，通过旋转可以展现动态的视觉效果，通过裁剪画面可以去除多余的背景，使画面更加简洁明了。镜像功能在影片剪辑中也发挥着重要的作用。通过镜像处理，可以实现画面的对称效果，或创造出独特的视觉效果，为观众带来新颖的观影体验，如图 2-111 所示。

图 2-111　时间轴操作按钮

重复和变速是影片剪辑中常用的节奏调整手段。常规变速和曲线变速功能如图 2-112 所示。

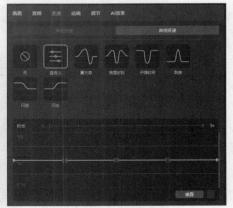

图 2-112　变速功能

为方便进行剪辑，软件还提供了多图层功能，可以将不同的视频元素（如背景、角色、特效等）分别放置在不同的图层上，便于对各个元素进行独立的管理和编辑。当需要对影片中的某个元素进行修改时只需找到对应的图层，然后对其进行调整即可，无须触动其他图层的内容。例如，为主视频添加"数字人"的讲解效果时，将会创建在主视频图层的上一个图层上，如图 2-113 所示。

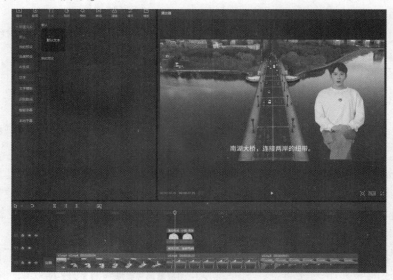

图 2-113　多图层功能

步骤 4：影片调色。调色是对拍摄完成的影片进行色彩调整的过程，旨在通过色彩校正、白平衡调整、色调和色阶的改变等手段，使画面色彩更加自然、平衡且富有艺术感。调色不仅可以修正拍摄中的色彩问题，如曝光不足或色彩偏差，还能根据影片的主题和氛围，创造出特定的情感效果，是影片后期制作中不可或缺的一环。

对拍摄时由于光线不够、显得沉闷、昏暗的影片，可以通过增加对比度的方式进行调节，如图 2-114 所示。

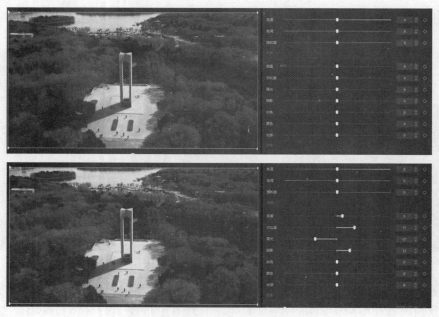

图 2-114　基本影片调色

也可以通过"曲线""色轮"等调色模式按照红、绿、蓝通道或暗调、高光等模式进行细化调节，如图2-115、图2-116所示。

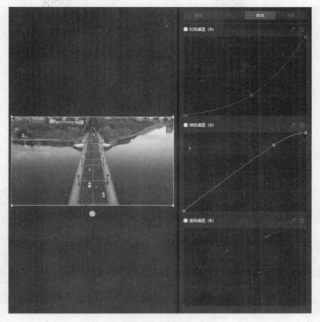

图 2-115　曲线调色

图 2-116　色轮调色

在后期制作中，影片的调色通常根据影片的主题、氛围及导演的艺术意图进行。无人机拍摄的影片往往会根据影片的主题选择主色调。例如，如果影片主题是自然风光，可能会倾向于使用较为自然、柔和的色调；如果主题是城市风光，则可能会使用更为鲜艳、对比强烈的色调强调城市的繁华与现代感。

在调色过程中，需要注重色彩之间的平衡与和谐。这包括调整不同颜色之间的比例和关系，以及确保画面的整体色调与主题相符。如在航拍自然风光时，可以通过调整绿色和蓝色的色调突出大自然的清新与宁静，当拍摄秋日风光时，通常与丰富的金黄色、橙色和红色树叶相联系，这些颜色象征着丰收、温暖和季节的变化。因此，在调色过程中可以向黄色、橙色或红橙色方向调整，通过增加黄色和橙色的饱和度，可以使秋日的树叶更加鲜艳，从而强调秋天的丰收和温暖的氛围，将色温稍微向暖色调偏移，可以为整个画面增添温暖的秋日感觉。

调色不仅是为了美观，还需要考虑观众的心理感受。不同的色彩会给观众带来不同的情感体验，因此，在调色时需要充分考虑这一点。例如，暖色调（如红色、橙色）通常会给人带来温暖、热烈的感觉，冷色调（如蓝色、紫色）则会给人带来冷静、沉稳的感觉。

尽管调色可以为影片增添艺术效果，但过渡调色可能会使画面失去自然与真实感。因此，在调色时需要适度而为，尽量保持画面的自然与真实感。这可以通过对比原始素材和调整后的效果来确保。

步骤5：添加特效。为视频素材添加各种特效，如 Logo、字幕（如中外文字幕、修饰字幕等）、转场特效、三维特效、多画面效果等，以增强视频的视觉冲击力。

竖版南湖秋色

以竖版"南湖秋色"片段1为例，在四段素材构成的短片中，分别用到了滤镜特效、调节特效、转场特效、变速特效、动画特效和背景音乐，如图2-117所示。

图 2-117　基本影片特效

以横版"南湖秋色"片段2为例，在前半段效果中，采用了图层叠加的方式制作影片效果，如图2-118所示。

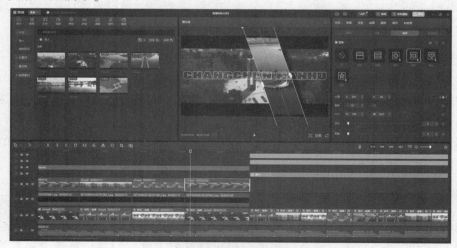

图 2-118　高级影片特效

　　除文字和音乐层外，有一个背景层加入了"去色"特效，一个全黑色图层和一个彩色影片图层，都加入了"蒙版"特效，而且为蒙版制作了一个关键帧动画，在每一小段的开始，蒙版的 X 坐标为 284，到小段的结束，蒙版的 X 坐标为 900 左右，如图 2-119 所示。

图 2-119　蒙版的 X 坐标

　　影片的后半段，画面的上方和下方分别加了一幅"贴纸"，如图 2-120 所示。随着加在影片上的"电影感画幅"的特效推进，贴纸更清晰地显示在屏幕的上下两侧，如图 2-121 所示。

图 2-120　贴纸特效

图 2-121　电影感画幅

步骤 6：音频处理。音频处理包括去除原声，背景音乐、特殊音效的选择与编辑，以及专业播音员的配音解说等。通过这些音频元素的加入，可以丰富影片的层次感和观感。随着 AI 技术的发展，当选择一段字幕时，"数字人"功能可以让一个虚拟的人物为影片解说，如图 2-122 所示。

图 2-122　数字人解说

横版南湖秋色　　无人机航拍赏析 1　　无人机航拍赏析 2

步骤 7：成片发布。编辑完成的影片需要转换为可供观看的格式并分享或发布。单击右上角的"导出"按钮，可以将影片导出成视频、音频或字幕文件，如图 2-123 所示。

图 2-123　成片发布

 任务评价

被考评人				考评地点	
考评内容		无人机航拍训练			
考评指标		考评标准		分值	得分
知识掌握	知识点一	能够全面、细致地做好飞行环境、天气、时段的选择及飞行器材的准备		6	
	知识点二	熟练掌握DJI GO拍摄界面及各项曝光、照片、录像参数的设置		6	
	知识点三	能够准确运用固定镜头，并合理调整拍摄距离、方向和角度		6	
	知识点四	能够灵活应用三分法、X型构图法等构图技巧，提升拍摄画面的美感和表现力		6	
	知识点五	熟练掌握推摄、拉摄、摇摄等运动镜头拍摄技巧，增强影片的动态感		6	
	知识点六	能够按照撰写脚本、日程规划、拍摄影片、后期制作的流程，独立完成航拍影片的制作		10	
	技能点一	能够撰写出结构合理、内容丰富的航拍影片脚本		8	
	技能点二	能够根据实际情况，合理规划飞行线路，确保拍摄效率和安全		8	
	技能点三	能够熟练运用各种飞行拍摄技巧，捕捉高质量的画面		12	
	技能点四	能够使用手机软件进行初步的影片剪辑和调色处理		4	
	技能点五	能够熟练运用计算机软件进行影片剪辑、调色、添加特效等后期处理工作，并优化音频，最终制作出高质量的航拍影片		8	
素质培养	团队合作意识	团队合作意识强，能够主动与团队成员分享知识和经验，共同解决问题		5	
	创新能力	在拍摄和后期制作过程中，能够提出新颖、有创意的构图和剪辑想法		5	
	解决问题的能力	在面对飞行环境不佳、设备故障等突发情况时，能够迅速找到解决方案		5	
	责任心	责任心强，能够认真对待每个环节，确保最终成品达到预期效果		5	
合计				100	

拓展阅读

在当前的影视制作和视频拍摄领域，无人机航拍技术正逐渐成为主流选择。我们不难发现，在众多电影、电视剧及网络视频中，许多震撼的空中镜头都是通过无人机航拍实现的。相较于传统的拍摄方式，无人机航拍具有以下显著优势：

（1）无人机能够轻松选择最佳拍摄角度，且对起降场地的要求相对较低，这使拍摄地点的选择更加多样化。

（2）无人机具备强大的爬升力，能够灵活控制飞行高度。它们可以在短时间内从低海拔迅速爬升至数百米的高空，甚至在无障碍的外部环境中进行 50 m 以内的超低空拍摄，为拍摄提供了更多可能性。

（3）无人机的飞行成本远低于载人飞行器，这使航拍更加经济实惠。此外，无人机体积小巧、操作灵活，能够进行超低空视距飞行，进一步降低了成本。

（4）空中气流的变化和自然条件的限制常常导致常规拍摄过程中产生振动，这对摄像机镜头的稳定性构成了挑战。然而，无人机通过配备先进的减振设备，能够最大限度地减少飞行中的机械振动，确保拍摄画面的稳定性。

（5）遥控航拍无人机能够进入许多载人飞行器无法到达的空域或高度，以及一些危险或难以接近的地区进行拍摄，极大地扩展了拍摄的作业范围。

综上所述，无人机航拍不仅在技术上具有显著优势，而且在经济性和实用性方面也展现出巨大的潜力，使其成为现代影视制作不可或缺的重要工具。

巩固练习

一、选择题

1. 在选择飞行环境时，以下不需要考虑的因素是（　　）。
   A. 是否有禁飞区　　　　　　　　　　　B. 附近是否有干扰源
   C. 地面的软硬度　　　　　　　　　　　D. 飞行器的颜色

2. 在 DJI GO 拍摄界面中，下列参数是用于调整画面亮度的是（　　）。
   A. ISO　　　　　　　　　　　　　　　B. Shutter Speed
   C. EV（Exposure Value）　　　　　　　D. White Balance

3. 在拍摄风景时，为了获得更广阔的视野，应该选择（　　）拍摄角度。
   A. 俯拍　　　　　B. 仰拍　　　　　C. 平拍　　　　　D. 斜拍

4. 三分法构图中，画面通常被分为（　　）等份。
   A. 2　　　　　　　B. 3　　　　　　　C. 4　　　　　　　D. 5

5. （　　）拍摄方式是通过摄像机在移动中拍摄，使画面框架始终处于运动之中，画面内的物体无论是处于运动状态还是静止状态，都会呈现出位置不断移动的态势。
   A. 推摄镜头　　　　　　　　　　　　　B. 拉摄镜头
   C. 摇摄镜头　　　　　　　　　　　　　D. 移摄镜头

6. 在手机端后期制作中，以下（   ）功能通常不用于调整画面色彩。

    A. 滤镜   B. 饱和度调整

    C. 裁剪工具   D. 色温调整

7. 在计算机端后期制作中，添加特效通常是在（   ）进行。

    A. 剪辑阶段   B. 调色阶段

    C. 音频处理阶段   D. 成片发布前

8. 螺旋桨 1045 CCW，其含义是（   ）。

    A. 桨叶直径为 10 mm，桨叶宽度为 4.5 mm，逆时针旋转的螺旋桨

    B. 桨叶直径 10 in，螺距 4.5 in，逆时针旋转的螺旋桨

    C. 桨叶直径 10 in，螺距 45 in，顺时针旋转的螺旋桨

    D. 桨叶直径 10 mm，螺距 4.5 in，顺时针旋转的螺旋桨

9. 目前无人机平台常用动力电池类型为锂聚电池，下列关于其特点错误的是（   ）。

    A. 无记忆效应

    B. 标称电压一般为 3.7 V

    C. 充满电压一般为 4.7 V

    D. 标称电压一般为 11.2 V

10. 多旋翼飞行器控制电机转速的直接设备为（   ）。

    A. 电源   B. 电调   C. 飞控   D. 遥控器

11. 多旋翼无人机机体一般不使用（   ）。

    A. 玻纤维材料   B. 碳纤维材料   C. 高强度工程塑料   D. 塑胶材料

12. 多旋翼飞行器的飞控指的是（   ）。

    A. 机载导航飞控系统   B. 机载遥控接收机

    C. 机载任务系统   D. 机载动力系统

13. 大多数多轴飞行器自主飞行过程利用（   ）实现速度感知。

    A. GPS   B. 空速管   C. 惯导   D. 目测

14. 一般来说，多轴飞行器在地面风速大于（   ）级时作业，会对飞行器安全和拍摄稳定有影响。

    A. 2   B. 4   C. 6   D. 1

15. 积冰强度可分为（   ）。

    A. 霜、雾凇和冰   B. 轻度、中度和重度

    C. 微弱、弱、中度和强   D. 轻度和重度

16. 多旋翼飞行器悬停时的平衡不包括（   ）。

    A. 俯仰平衡   B. 前飞废阻力平衡   C. 方向平衡   D. 动力平衡

17. 关于粗猛着陆的描述，下列正确的是（   ）。

    A. 粗猛着陆就是使飞机接地的动作太快

    B. 不按规定的着陆高度、速度及接地角，导致受地面撞击力超过规定

    C. 粗猛着陆时前轮先接地

    D. 粗猛着陆就是猛烈撞击地面

18. 如飞机出现失速，飞行员应（　　）。

  A. 立即蹬舵   B. 立即推杆到底

  C. 立即拉杆   D. 保持所有杆位不动

19. 无人机在空中飞行时，如果飞机处于平衡状态，则（　　）。

  A. 作用在飞机上的所有外力平衡，所有外力矩也平衡

  B. 作用在飞机上的所有外力不平衡，所有外力矩平衡

  C. 作用在飞机上的所有外力平衡，所有外力矩不平衡

  D. 作用在飞机上的所有外力不平衡，所有外力矩也不平衡

20. 四旋翼无人机的基本飞行姿态有（　　）。

  A. 垂直运动   B. 俯仰运动   C. 横滚运动

  D. 偏航运动   E. 前后运动   F. 侧向运动

21. 在航拍影片的制作流程中，确定影片内容和形式的关键步骤是（　　）。

  A. 撰写脚本   B. 日程规划   C. 拍摄影片   D. 后期制作

22. 在撰写航拍影片脚本时，以下内容不必包含的是（　　）。

  A. 场景描述   B. 角色对话

  C. 拍摄时间   D. 后期特效要求

23. 线路规划时，以下因素不需要考虑的是（　　）。

  A. 飞行时间   B. 飞行高度

  C. 飞行速度   D. 飞行员的体重

24. 在进行高空平摇拍摄时，以下操作错误的是（　　）。

  A. 保持飞行器稳定   B. 缓慢转动摄像机

  C. 快速拉升飞行器高度   D. 确保拍摄目标在画面中心

二、简答题

1. 飞行活动结束后，如何降落并关闭电机？

2. 在飞行前检查项目中，对飞行器云台相机需要检查哪些内容？

3. 飞行活动结束后，如何关闭飞行电池？

4. 简述无人机四面航线飞行要点。

5. 简述无人机遥控器常用的控制模式。

6. 简述无人机飞行前检查的主要内容。

7. 简述计算机端后期制作流程。

模块三　无人机竞技

 模块简介

随着无人机技术的快速发展，无人机竞技受到很多无人机操控飞手的追捧，无人机竞技是利用遥控无人机进行的竞速或技巧比赛。它不仅是一场简单的飞行表演，更是对操作者技能、反应速度及无人机技术性能的全方位考验。

本模块涵盖无人机技能竞赛的两个子赛项。

子赛项一：无人机智能技术赛项，赛项要求进行无人机散件组装、调试、故障诊断、维修、试飞等内容。

子赛项二：穿越机竞速赛项，赛项要求操作人员在规定时间内操作穿越无人机进行穿越规定障碍动作。

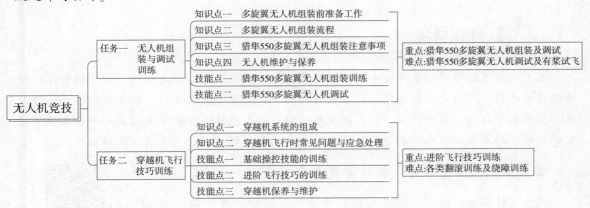

任务一 无人机组装与调试训练

 学习目标

1. 知识目标

（1）掌握多旋翼无人机的组装相关知识。

（2）掌握多旋翼无人机软件调试相关知识。

（3）掌握多旋翼无人机维护保养相关知识。

2. 能力目标

（1）能够利用零部件组装满足飞行条件的多旋翼无人机。

（2）能够利用软件调试多旋翼无人机，使无人机能够顺利起飞。

（3）对无人机能够正确进行维护和保养。

3. 素养目标

（1）具有工匠精神，在组装和调试过程精益求精。

（2）具有创新思维和规范意识，养成科学务实的工作作风。

 任务描述

在具备一定的机械、电子和航空知识，以及对无人机的操作和维修经验的基础上，将无人机的各个部件和系统组装在一起，并进行必要的调整和测试，以确保无人机能够正常运行和执行预定的飞行任务。本任务主要是利用指定型号的无人机散装零部件进行组装，按步骤组装完成后，进行调试和试飞，确保无人机的飞行性能和安全性。

 知识链接

无人机组装是培养相关专业人员理论联系实际、分析问题、解决问题，加强动手操作能力的重要手段。通过无人机组装基础理论、无人机调配理论的验证性、综合性试验等试验教学，常用电子仪器设备的使用、无人机电路焊接、无人机零件组装及飞控调试等基本操作技能的训练，为扩展知识面、加强应用性及自学能力和创新意识打下牢固的实践基础。

知识点一：多旋翼无人机组装前准备工作

检查工作环境，确保工作环境符合要求，现场配备灭火器，所有学员要学会正确使用。

无人机装调常
用的工具与材料

1. 干粉灭火器的使用方法

手拿把手将灭火器提起，拔去保险，在距离起火点 1.5 m 以上（如果是电器起火，则应更远）的侧后方瞄准起火点，按住喷射装置，对准起火点喷射，且水平横向移动，将干粉包围覆盖起火点，为保险起见，持续喷射时间应长些。

2. 常用的工具、量具、材料

无人机拆装常用的工具包括夹持工具、紧固工具、剪切工具、电动工具、检测工具、焊接工具、测量工具等，详见表 3-1。

表 3-1　无人机拆装常用工具、量具、设备

夹持工具	（1）尖嘴钳。用于夹持小物体，可在狭小空间进行操作。 （2）镊子。镊子可以用来夹持细小精密物件、导线、元件及集成电路引脚等
紧固工具	（1）螺钉旋具。螺钉旋具是一种用来拧转螺钉迫使其就位的工具，它可以用来紧固或拧松螺钉。 （2）扳手。扳手是维修中最常用的工具，扳手可用来拆装有棱角的螺栓和螺母
剪切工具	（1）斜口钳。斜口钳主要用于剪切导线，元器件多余的引线，还常用来代替一般剪刀剪切绝缘套管、尼龙扎线卡等。 （2）剥线钳。剥线钳用于剥除绝缘电线头部的表面绝缘层，使电线被切断的绝缘皮与线芯分开
电动工具	（1）手电钻。手电钻可用来钻孔、攻螺纹、拧螺钉等。 （2）小电锯。小电锯在制作无人机时也会经常用到，如锯木条、锯前后缘开槽等
检测工具	（1）试电笔。试电笔用来测试电线中是否带电。 （2）万用表。万用表主要用来测量无人机电子设备中电压和电流信号
焊接工具	（1）电烙铁。电烙铁可用来焊接电子元器件和导线。 （2）风枪焊台。风枪焊台主要是利用发热电阻丝的枪芯吹出的热风来对元器件进行焊接与摘取元器件的工具。 （3）热熔胶枪。热熔胶枪是一款非常方便快捷的粘胶工具。其使用方法是通过热熔胶枪加温熔化后打在需要黏结固定的地方，快速固化后起固定作用
常用量具	（1）钢直尺。钢直尺主要用来测量。在裁剪木板等材料时可以当作靠尺使用。 （2）游标卡尺。游标卡尺是精密测量工具，是精密制造、精确标定的。它是一切制造、装配、检验的基准
常用材料	（1）扎带。 1）尼龙扎带：主要用于无人机装调时的导线捆扎和固定。 2）魔术贴扎带：主要用于电池的固定。 3）魔术贴：在无人机装调时主要用于粘贴电池、U-BOX 等需要经常安装和拆卸的物品。 （2）胶带。 1）纤维胶带：在无人机装调时，纤维胶带主要用于结构件之间的固定与加强。它是泡沫板固定翼无人机常用的胶带。 2）纸胶带：在无人机装调时，主要用于如接收机天线等一些不需要太大粘合力的临时结构固定。 3）双面胶带：双面胶带具有双面粘合力，可以完成物体结构内部的粘合，粘合强度高。

常用材料	（3）胶水。 1）瞬干胶：瞬干胶是一种干得很快的胶水，这种胶的特点是固化快、黏结强度大、黏结面广。 2）热熔胶：热熔胶是一种无毒无味的环保型胶粘剂，可用于塑料、电子元器件、泡沫板黏结。 3）泡沫胶：泡沫胶是一种无色、透明、无腐蚀性、黏性强、无毒的黏稠液体，泡沫胶广泛用于 KT 板、EPO 等泡沫材料之间的粘合，是专门用来粘贴泡沫板的胶。 4）螺丝胶：主要用于螺钉和螺母的螺纹连接处。 5）硅橡胶：它是一种黏结性好、高强度、无腐蚀的硅橡胶。组装无人机时常用于一些线路接口处的密封防水处理。 （4）热缩管。它广泛用于各种线束、焊点电感等的绝缘保护。 （5）焊锡丝。焊锡丝是焊接电子线路中连接电子元器件的重要工业原材料。 （6）紧固件。 1）螺栓：在机械制造中螺栓广泛应用于可拆连接，一般与螺母（通常会加 1 个或 2 个垫圈）配套使用。 2）螺母：螺母就是螺帽，与螺栓或螺杆拧在一起用来起紧固作用的零件。由于无人机飞行时会产生振动，为防止螺母松动，因此通常会采用防松螺母。 3）螺钉：螺钉通常是单独使用的，一般起紧固或紧定作用，应该拧入机体的内螺纹

知识点二：多旋翼无人机组装流程

多旋翼无人机的内部结构相对简单，组装的过程有很多相似性，一般的组装流程如下。

第 1 步：进行机架的组装。

第 2 步：进行动力系统的组装。

第 3 步：进行飞控系统的组装。

第 4 步：进行遥控装置的组装。

第 5 步：进行任务荷载的组装。

详见图 3-1 所示。

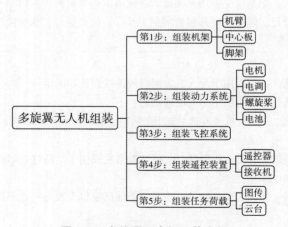

图 3-1　多旋翼无人机组装流程

在不影响飞行性能的前提下，部分组装顺序可适当调整，不同的多旋翼无人机产品，其组装流程也会有所区别。本书的多旋翼无人机组装训练以猎隼 550 多旋翼无人机组装训练为例，无人机组装完成如图 3-2 所示。

图 3-2　猎隼 550 多旋翼无人机

知识点三：猎隼 550 多旋翼无人机组装注意事项

在组装猎隼 550 多旋翼无人机时，需要特别注意以下事项，以确保无人机的性能和安全。

1. 设备对称安装

安装的设备尽量对称，保证飞行器的重心居中，避免因重心偏移导致飞行不稳定。

2. 线材布局

为避免干扰，线材不能跨越飞控表面，要从飞控旁边走线，确保布线合理，不影响飞行器的稳定性和安全性。

3. 多余电线处理

多余的电线尽量剪掉，减轻质量，同时，也减少了杂乱的电线对飞行造成的干扰。

知识点四：无人机维护与保养

1. 飞行后的养护

每次无人机飞行结束，操纵者都应对无人机进行保养和清洁。对于电动无人机，可选用质地柔软的除尘毛巾擦拭表面浮灰。而对于油动航拍无人机，则应先用浓度适当的酒精喷涂在机体表面稀释油污，然后用除尘毛巾反复多次擦拭干净。如不及时清理无人机表面的油污，可能会导致机体腐蚀。

常用的无人机清洁工具如下：

（1）一个柔软的小清洁刷：用于清除可能陷入无人机角落和缝隙中的尘垢。若没有这样的小刷子，可以用清管器代替。

（2）罐装压缩空气：可以用它清除无人机"敏感部位"的尘垢，如电机或电路板旁边的尘垢，而且还不会损坏无人机。

（3）异丙醇：可以让无人机外壳保持光洁如新。这种清洁剂可以有效祛除污垢、草渍、血液等 99% 的各种顽渍，还不会损坏电路。

（4）超细纤维布：它可以与异丙醇协同使用，效果更佳。

2. 无人机存放

尽量将无人机存放在干燥环境中，宜将其放置在水平托架上。干燥的外部环境可以保证无人机不会因长时间放置而产生变形。

3. 无人机保养

（1）螺旋桨。螺旋桨是保养的重点之一。即使在正常使用中，也需要特别留意桨叶是否出现裂痕、缺口等直接影响飞行稳定性的问题。如果损伤严重，则应及时更换新的螺旋桨。

（2）电池。电池是无人机中消耗量最大的部件之一。在使用电池时，应尽量避免过度充放电。飞行时应尽量避免将电池耗尽，返航时至少要保持15%以上的电量，并保持匀速飞行。

通常情况下，每周使用两次，电池最多一年便开始明显老化。如果经常外飞，还应注意温度对电池的影响。如果长时间不使用，电池不宜完全充满，以延长其使用寿命。

检查电池外观是否有鼓包。如果有鼓包现象，则应及时更换电池。有些无人机专用电池安装在保护壳内，需观察电池安装后是否松动。如果安装不当，则很有可能是电池膨胀将保护壳挤变形了。

（3）减振球。航拍作业时，如果发现视频图像不稳定，不一定是云台出了问题。此时，应先检查连接云台与飞行器的减振板上的减振球。一旦发现其破损了，应马上更换。

（4）防水、防潮、防沙尘。由于电机是具有磁性的，尘土和细沙中包含细微的金属颗粒可能会被吸附进入电机内部，影响电机正常运转。如果不慎有颗粒进入电机，则可以尝试用吸尘工具吸出，但是如果电机依旧运转不顺畅，只能拆开电机，或寻找维修点帮助。

（5）飞行后经常检查排线接口。无人机在起飞、降落甚至飞行中都受到振动影响，有时降落时甚至可能导致部分排线松动，导致无人机出现故障。因此，经常检查排线接口是否松动，可以及时发现并排除故障。

 任务实施

技能点一：猎隼 550 多旋翼无人机组装训练

猎隼 550 无

人机组装 1

1. 训练目的

掌握猎隼 550 多旋翼无人机的组装流程，能够将所有零部件组装成能完成一定工作任务的无人机。

2. 训练内容

（1）猎隼 550 多旋翼无人机零部件认知。猎隼 550 多旋翼无人机所有的组成部件主要如下：

1）机臂 6 支，如图 3-3 所示。

2）脚架 2 支，如图 3-4 所示。

图 3-3　猎隼 550 多旋翼无人机机臂

图 3-4　猎隼 550 多旋翼无人机脚架

3）上下中心板各 1 张，如图 3-5 所示。

4）电机 6 个，如图 3-6 所示。

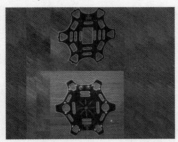
图 3-5　猎隼 550 多旋翼无人机上下中心板

图 3-6　猎隼 550 多旋翼无人机电机

5）电子调速器 6 个，如图 3-7 所示。

6）螺旋桨 3 对，如图 3-8 所示。

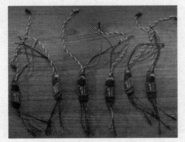
图 3-7　猎隼 550 多旋翼无人机电子调速器

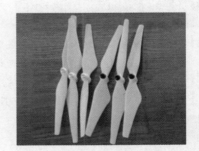
图 3-8　猎隼 550 多旋翼无人机螺旋桨

7）飞控 1 个，如图 3-9 所示。

8）减振板 1 个，如图 3-10 所示。

图 3-9　猎隼 550 多旋翼无人机飞控

图 3-10　猎隼 550 多旋翼无人机减振板

9）遥控器 1 个（带接收机），如图 3-11 所示。

10）4 s 电池 1 块，如图 3-12 所示。

图 3-11　猎隼 550 多旋翼无人机遥控器　　　　图 3-12　猎隼 550 多旋翼无人机动力电池

11）主电源线 1 条（带 XT60 母头），如图 3-13 所示。

12）电池仓（含支架）1 套，如图 3-14 所示。

图 3-13　猎隼 550 多旋翼无人机主电源线　　　图 3-14　猎隼 550 多旋翼无人机电池仓（含支架）

13）电源模块 1 个，如图 3-15 所示。

14）GPS 和支架 1 套，如图 3-16 所示。

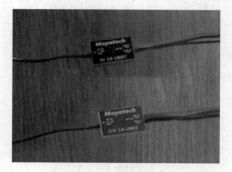

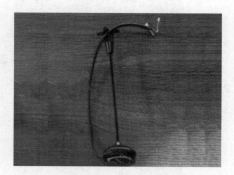

图 3-15　猎隼 550 多旋翼无人机电源模块　　　图 3-16　猎隼 550 多旋翼无人机 GPS 和支架

（2）猎隼 550 无人机组装流程。

步骤 1：安装电机。这款型号无人机的电机分为顺时针电机和逆时针电机两种。电机轴轴头黑色的是顺时针电机；白色的是逆时针电机。将电机的电源线穿过机臂的导线孔，使电机的螺钉孔和机臂的安装孔完全对应，然后拧紧螺钉，先将 4 个螺钉都安装上，然后对角逐一拧紧。依次完成 6 个电机的安装，如图 3-17 所示。

图 3-17 电机安装到机臂上

步骤 2：安装电子调速器。取出下主板，首先调整下主板箭头方向，然后将主电源线焊接至下主板，焊接位置为下主板后边的正负极接口，按照红正黑负进行焊接，如图 3-18 所示。将无人机供电模块也焊到对应电源线的焊点上，同样要保证红正黑负，如图 3-19 所示。按照以上方法，将 6 个电子调速器焊接到其余正负极接口，同样也是红正黑负，如图 3-20 所示。焊接完成后，用 3M 胶将充电模块粘到下主板上。

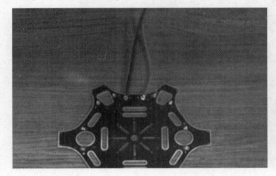

图 3-18 主电源线焊接至下主板

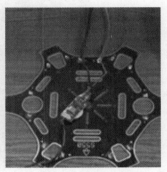

图 3-19 供电模块焊接至下主板

图 3-20 电子调速器焊接至下主板

步骤 3：安装电池仓支架和脚架顶座。将 4 个电池仓支架用 M2.0 的螺钉固定到下主板的相应位置，如图 3-21 所示，电池仓支架安装完成。然后继续进行脚架顶座安装，在安装的过程中需要注意脚架顶座的方向，不能装反，斜面应朝向外侧，如图 3-22 所示。用 M2.5 的螺钉进行紧固，在安装过程中应避免压线。

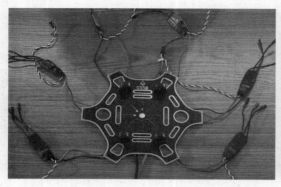

图 3-21　电池仓支架底座安装至下主板

图 3-22　脚架顶座安装至下主板

步骤 4：安装机臂。为了方便电调与电机连接，可将电机进行编号，如图 3-23 所示。同时对应将电调也进行编号，如图 3-24 所示。

将电机编号对应的机臂与电子调速器标号对应的螺钉孔进行安装，如图 3-25 所示。

图 3-23　电机编号顺序

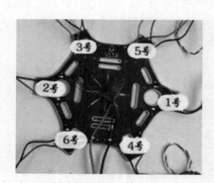

图 3-24　电调编号顺序

图 3-25　按编号顺序安装完成的电机与电调情况

如果电机及电子调速器连接顺序与内部程序设定不匹配，将导致无人机原地旋转或炸机。

步骤 5：组装固定电池仓。电池仓支撑杆穿过电池仓支架，安装过程中尽量保持对称，如图 3-26 所示。将电池仓卡到电池支撑杆上，完成电池仓安装，如图 3-27 所示。

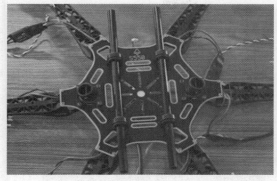

图 3-26　电池仓支撑杆穿过电池仓支架　　　　图 3-27　电池仓固定安装

步骤 6：安装飞控。取出上中心板，准备安装飞控和 GPS，用 3M 胶将接收机粘到机头方向右侧，如图 3-28 所示。将带减振板的飞控固定到上中心板中心，如图 3-29 所示。用螺钉将 GPS 支架底部与上中心板固定，如图 3-30 所示。安装时要确保飞控、GPS 和接收机三个零件上的安装箭头与上中心板的箭头方向相同，如图 3-31 所示。至此，上中心板安装完成。

猎隼 550 无人机
组装 2

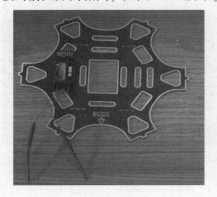

图 3-28　接收机固定到上中心板　　　　图 3-29　飞控固定到上中心板

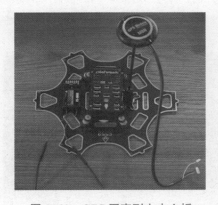
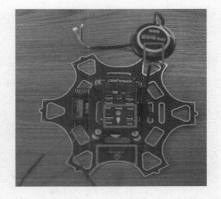

图 3-30　GPS 固定到上中心板　　　　图 3-31　飞控、接收机和 GPS 在上中心板的安装方向

步骤 7：安装蜂鸣器。取出蜂鸣器，用 3M 胶将蜂鸣器粘贴到飞控的后面，如图 3-32 所示。将蜂鸣器的连接线穿过上中心板，连接到飞控 buzzer 上面，如图 3-33 所示。

图 3-32 蜂鸣器固定到上中心板

图 3-33 蜂鸣器连线到飞控

步骤 8：安装接收机及 GPS 连线。将 GPS 信号线连接到飞控 GPS 孔位上，将 GPS 电源线连接到 i2C 孔位，如图 3-34 所示。接收机 PPM 口连接到飞控 RC in 端口上，连接时飞控端黑线在上，接收机端白线在上，如图 3-35 所示。

图 3-34 GPS 信号线和电源线连线到飞控

图 3-35 接收机 PPM 口连接到飞控 RC in 端口

步骤 9：安装电调信号线。将电调信号线从下侧穿过下主板，按前面电调的编号顺序，分别将电调的信号线连接到飞控上。注意：此时的飞控信号线的编号要与电调的编号一致。所有电调信号线连接时黑线向上，如图 3-36 所示。将电机电源线与电调连线进行连接，如图 3-37 所示。

图 3-36 电调信号线连接到飞控

图 3-37 电机电源线与电调连接

步骤 10：电源供电线安装。将电源供电线穿过上中心板，连接到飞控的 power 上，如图 3-38 所示。完成后用扎带整理线束，使其更加规整美观。

图 3-38　电源供电线与电调连接

步骤 11：安装上中心板。用螺钉将上中心板与机臂进行连接，如图 3-39 所示。连接时将所有螺钉全部装上后再对角紧固。

图 3-39　上中心板固定安装

步骤 12：安装脚架。拧下脚架顶座螺钉，将脚架连杆插入脚架顶座，用螺钉进行固定，完成脚架安装，如图 3-40 所示。

图 3-40　脚架固定安装

步骤 13：安装螺旋桨。根据中心旋帽颜色进行区分，将黑色旋帽的螺旋桨安装到轴头电机是黑色的电机上，逆时针旋转进行安装，将白色旋帽的螺旋桨安装到轴头电机是白色的电机上，顺时针旋转进行安装，如图 3-41 所示。

图 3-41　螺旋桨安装

通过以上步骤操作，完成猎隼 550 多旋翼无人机硬件部分安装。

技能点二：猎隼 550 多旋翼无人机调试

1. 训练目的

将猎隼 550 多旋翼无人机的机架、飞控系统、动力系统和通信系统等硬件组装完成后，实现无人机的良好飞行和相关功能要求，必须进行合理的调试。调试工作关系着飞行性能及安全。根据调试过程中是否需要安装螺旋桨，可分为无桨调试和有桨调试。

2. 训练内容

（1）猎隼 550 多旋翼无人机无桨调试。

步骤 1：首次通电测试。将安装完成的猎隼 550 多旋翼无人机接通电源，进行首次通电测试。检查飞控、电调、电机和接收机是否正常通电，确保没有出现短路或断路现象。

步骤 2：调试前的检查。检查螺旋桨是否拆除，电机、GPS 是否安装正确，动力电池和遥控器电池电量是否充足。

猎隼 550 多旋翼无人机调试

步骤 3：了解遥控器基本键位功能。猎隼 550 多旋翼无人机遥控器采用日本手控制。其具体键位功能如图 3-42 所示。

图 3-42　猎隼 550 多旋翼无人机遥控器基本键位功能

步骤 4：遥控器参数设置。长按 OK 键，进入设置菜单，通过上下翻页键选择 System，如图 3-43 所示。按 OK 键进入菜单，如图 3-44 所示，利用上下翻页键选择第 6 项 RX Setup。按 OK 键进入菜单，如图 3-45 所示，利用翻页键选择第 1 项 AFHDS 2A。按 OK 键进入菜单，利用翻页键，将相应参数调整至 On 状态，如图 3-46 所示，长按 CANCEL 键保存。如果这项不调整至 On 状态，遥控器和无人机连接不上。利用翻页键选择第 2 项 PPM Output，如图 3-47 所示。按 OK 键进入，利用翻页键，将相应参数调整至 On 状态，如图 3-47 所示，长按 CANCEL 键保存。如果不调整至 On 状态，摇杆控制不了飞机。

图 3-43　猎隼 550 多旋翼无人机遥控器设置菜单

图 3-44　猎隼 550 多旋翼无人机遥控器 SYSTEM 菜单选项

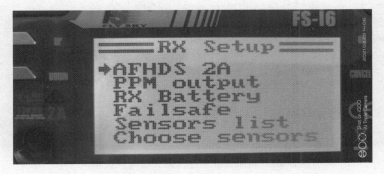

图 3-45　猎隼 550 多旋翼无人机遥控器 RX Setup 菜单选项

图 3-46　猎隼 550 多旋翼无人机遥控器 AFHDS 2A 选项调整至 On 状态

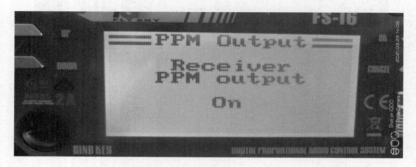

图 3-47　猎隼 550 多旋翼无人机遥控器 PPM Output 选项调整至 On 状态

步骤 5：无人机对频。取出无人机对频线，插在接收机最右侧，方向任意，如图 3-48 所示。按住遥控器对频键，所有金属杆打到低位，油门最下，向上推动开关机按钮开机，开机后会显示 RXBinding，如图 3-49 所示。无人机上电，如图 3-50 所示，遥控器显示进入界面后，如图 3-51 所示，拔掉对频线，对频线如果不拔掉，对频完成后也控制不了飞机。无人机断电，关闭遥控器。

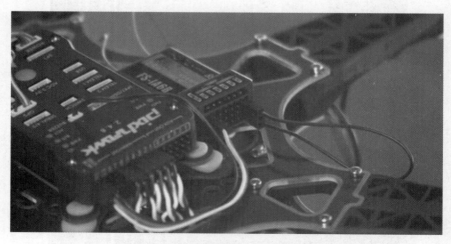

图 3-48　猎隼 550 多旋翼无人机对频线接入

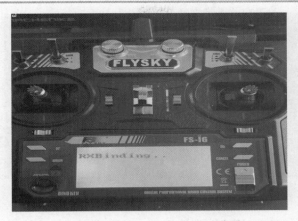

图 3-49　猎隼 550 多旋翼无人机遥控器对频开机界面　　图 3-50　猎隼 550 多旋翼无人机上电

图 3-51　猎隼 550 多旋翼无人机上电后遥控器进入界面

　　步骤 6：调试电机旋转方向。遥控器开机，把升降舵推到最大，如图 3-52 所示，无人机上电。飞控上面的灯闪烁，同时伴有声响，此时无人机断电，断电后再重新接通电源，飞控长鸣，此时将升降舵推到最下方，在向上推动油门时，无人机的电机就会旋转，控制升降舵位置，调整电机转速，让电机低速旋转，用手触摸电机，如图 3-53 所示。判别电机的旋转方向，按照电机轴头黑色顺时针旋转，电机轴头白色逆时针旋转，调整电机旋转方向，如果有电机旋转方向不对的情况，拔下电机三根电源线中的任意两根，如图 3-54 所示，互换方向安装，电机就会反向旋转。

图 3-52　猎隼 550 多旋翼无人机遥控器升降舵推到最大

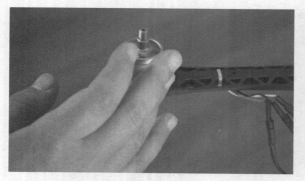

图 3-53　用手轻触无人机低速旋转电机判别旋转方向

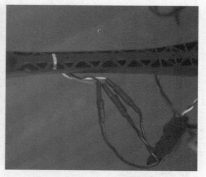

图 3-54　电机电源线互换位置

步骤 7：连接计算机和飞控。用数据线将飞控连接到计算机，计算机端直接连接到 USB 口上。飞控端直接连接到 micro-USB 接口上，如图 3-55 所示，用调试软件（地面站）对飞控进行调参，如图 3-56 所示。

图 3-55　数据线连接飞控位置

猎隼 550 无人机调参

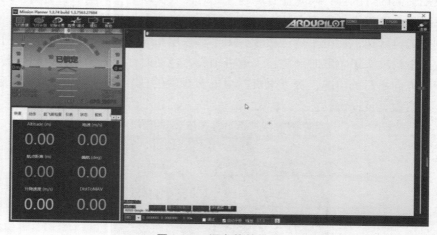

图 3-56　调参软件界面

步骤 8：选择端口和波特率。双击打开调参软件，软件打开后，选择端口为 COM 端口，如图 3-57 所示。如果不知道计算机选择的是哪个端口，可以返回到计算机桌面，在此计算机上按鼠标右键选择计算机管理，选择设备管理器，单击端口，显示 FMU 的端口就是此计算机需要设置的端口，如图 3-58 所示。返回到软件操作界面选择波特率。选择 115 200，如图 3-59 所示，这个波特率控制发射信号的波长。待飞控灯亮起后，单击"连接"按钮，软件开始获取参数，进度条完成后，如图 3-60 所示，就可以进行初始设置了。

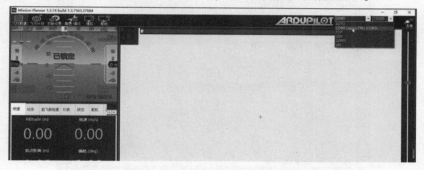

图 3-57　选择 COM 端口

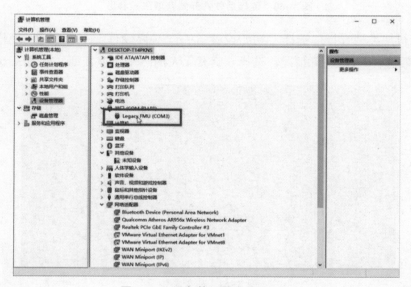

图 3-58　设备管理器中端口显示

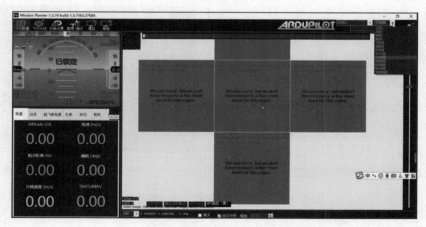

图 3-59　选择波特率

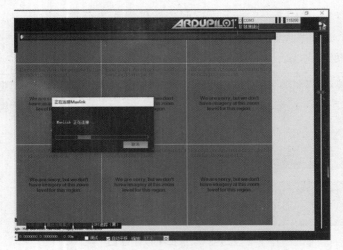

图 3-60　连接后软件开始获取飞控参数

步骤 9：机架类型选择。选择"初始设置"→"必要硬件"→"机架类型"选项，根据猎隼 550 多旋翼无人机实际情况，选择 6 旋翼无人机，并选择 X 型，如图 3-61 所示。

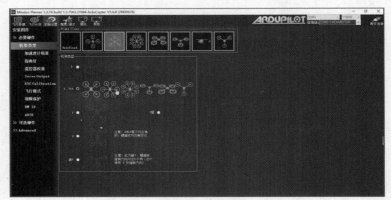

图 3-61　机架类型

步骤 10：加速度计校准。单击"加速度计校准"按钮，单击校准加速度计一次，将无人机放平，如图 3-62 所示，单击"完成时点击"按钮第 1 次，如图 3-63 所示。将无人机向左立起，如图 3-64 所示，单击"完成时点击"按钮第 2 次。将飞机向右立起，如图 3-65 所示，单击"完成时点击"按钮第 3 次。将飞机机头向下，如图 3-66 所示，单击"完成时点击"按钮

图 3-62　无人机水平放置

第 4 次。将飞机机头向上，如图 3-67 所示，单击"完成时点击"按钮第 5 次。将飞机水平倒置，如图 3-68 所示，单击"完成时点击"按钮第 6 次。然后将飞机平放，如图 3-62 所示，单击"校准水平"按钮，如图 3-69 所示。至此完成加速度计校准。

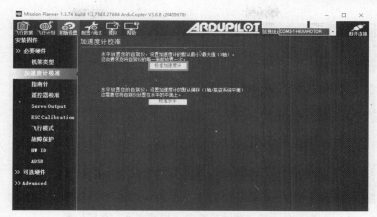

图 3-63　加速度计校准中完成时点击按钮位置

图 3-64　无人机左立放置

图 3-65　无人机右立放置

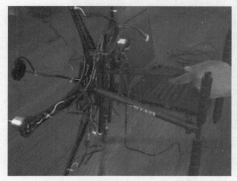

图 3-66　无人机机头向下放置

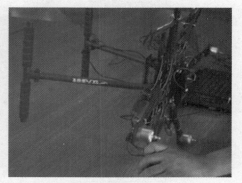

图 3-67　无人机机头向上放置

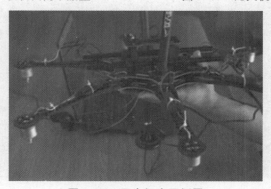

图 3-68　无人机水平倒置

图 3-69　加速度计校准中"校准水平"按钮位置

步骤 11：指南针校准。单击"指南针"按钮，勾选"自动学习偏移量"选项，单击"开始"按钮，如图 3-70 所示，然后将无人机进行 360°无死角转动，此时需要注意，在转动时要远离金属或各类干扰。持续转动，等待进度条读条结束，如图 3-71 所示。读条结束后会弹出相应的对话框，如图 3-72 所示，单击"OK"按钮。

图 3-70　勾选"自动学习偏移量"

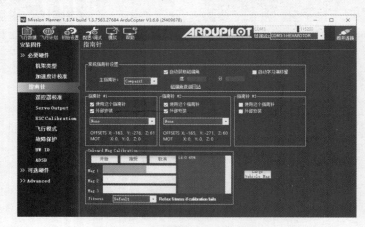

图 3-71　自动学习偏移量读条过程

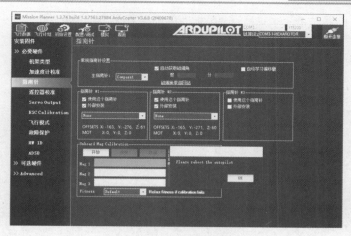

图 3-72　自动学习完成后对话框

步骤 12：遥控器校准。

1）将无人机遥控器开机，按下 OK 键，选择系统设置，并选择 RX Setup，再选择第 1 项，将 AFHDS 2A 状态设置为 On。选择 PPM Output，将 PPM Output 状态设置为 On。长按 CANCEL 键保存退出。

2）选择遥控器设置，如图 3-73 所示，并选择第 4 项 AUX 频道设置，如图 3-74 所示，将第 4 项第五通道改为 SwB+C，如图 3-75 所示，长按 CANCEL 键保存退出，然后遥控器关机。

图 3-73　遥控器设置

图 3-74　频道设置

图 3-75　频道设置中第 5 通道设置

3）单击"遥控器校准"按钮，再单击"校准遥控器"按钮，如图 3-76 所示，在弹出的对话框中单击"OK"按钮，在出现新对话框后，再次单击"OK"按钮，将遥控器所有摇杆四周推到最大，软件显示界面发生变化，如图 3-77 所示。拨动遥控器上方所有的开关数次，单击"完成"按钮，如图 3-78 所示，在弹出的对话框中单击"OK"按钮，完成遥控器校准。

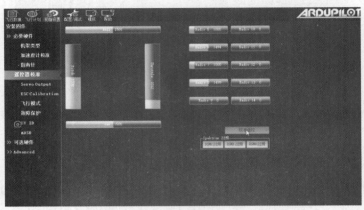

图 3-76　校准遥控按钮位置

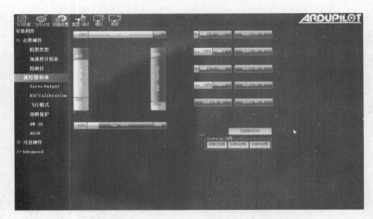

图 3-77　摇杆全部推到最大后软件界面

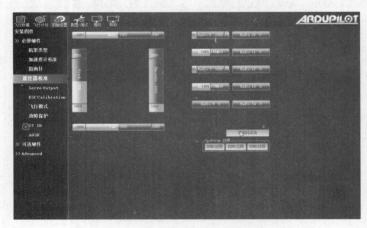

图 3-78　完成时点击按钮位置

步骤13：飞行模式设置。单击"飞行模式"钮，将SWC拨杆拨到2，将软件的第2项选择至Leiter（留滞）模式，如图3-79所示。将SWC拨杆拨到3，将软件的第3项选择至AltHold（定高）模式，如图3-80所示。将SWb拨杆拨到1，将软件的第4项选择至RTL（返航）模式，同理将第5项和第6项也选择至RTL（返航）模式，如图3-81所示，单击"保存模式"按钮。保存完成后拨动相应开关，软件就会产生相应变化。

图 3-79　飞行模式 2 改为 Leiter 模式

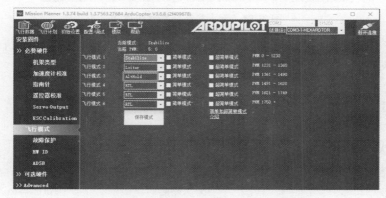

图 3-80　飞行模式 3 改为 AltHold 模式

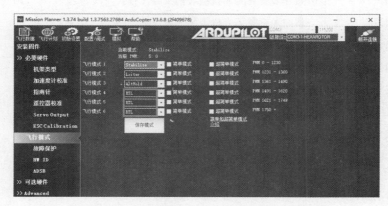

图 3-81　飞行模式 4、5、6 改为 RTL 模式

通过以上步骤操作，完成无人机无桨调试工作的主要内容。

（2）猎隼550多旋翼无人机有桨调试。

步骤1：安装螺旋桨。按照螺旋桨中心旋帽颜色进行区分，将黑色旋帽的螺旋桨安装到电机是黑色的电机上，逆时针旋转进行安装，将白色旋帽的螺旋桨安装到轴头是白色的电机上，顺时针旋转进行安装。

步骤2：限制飞行。将无人机放置在安全防护网内进行试飞，如图3-82所示，或通过捆绑的方式限制无人机。无人机第一次试飞可能会出现各种意外情况，通过防护网或捆绑可以有效地保护人员和设备安全。

图3-82　无人机在防护网内试飞

步骤3：飞行测试。在完成限制飞行没有问题后，将无人机带到适合飞行的场地进行正常试飞。通过飞行状态检验飞行器是否正常。

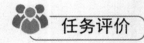 任务评价

被考评人			考评地点	
考评内容		无人机组装与调试训练		
考评指标		考评标准	分值	得分
知识掌握	知识点一	做好多旋翼无人机组装前准备工作	10	
	知识点二	掌握多旋翼无人机组装流程	5	
	知识点三	猎隼550多旋翼无人机组装注意事项	5	
	知识点四	无人机维护与保养	5	
	技能点一	能够正确组装猎隼550多旋翼无人机	35	
	技能点二	能够正确连线调试猎隼550多旋翼无人机	20	
素质培养	安全意识	注意用电安全	5	
	团队合作	能融入集体，愿意接受任务并积极完成	5	
	劳动精神	能够按照现场的规章要求和标准化作业程序进行各种操作与测试	5	
		培养认真、创新、奋斗的精神	5	
合计			100	

拓展阅读

在现代科技迅猛发展的背景下，穿越机作为一种专门用于竞速和特技飞行的无人机，因其灵活性、高速性和技术含量，逐渐受到广泛关注。与传统无人机相比，穿越机通常具有更强的动力、更快的响应速度和更高的机动性，这使操控穿越机成为一项需要高超技术和丰富经验的挑战。

穿越机不仅在竞技比赛中展现了独特的魅力，还在飞行技巧、操控技术和创新应用方面推动了无人机行业的发展，是二十大精神中强调的创新驱动发展战略的具体体现，也是我国在科技创新和智能制造方面进步的标志。

 巩固练习

一、选择题

1. 猎隼 550 六轴六旋翼无人机电调上最粗的红线和黑线是用来连接（　　　）。
   A. 动力电池　　　　B. 电动机　　　　C. 机载遥控接收机　　　D. 飞控

2. 猎隼 550 六轴六旋翼无人机飞控硬件尽量安装在（　　　）。
   A. 飞行器前部　　　B. 飞行器底部　　　C. 飞行器中心　　　D. 飞行器后部

3. 重心靠前，飞机的纵向安定性（　　　）。
   A. 变强　　　　　　B. 减弱　　　　　　C. 不受影响　　　　D. 不确定

4. 猎隼 550 六轴六旋翼无人机，电调上较细的白红黑 3 色排线，也称杜邦线，是用来连接（　　　）的。
   A. 电机　　　　　　B. 机载遥控接收机　　C. 飞控　　　　　　D. 电调

二、简答题

1. 简述猎隼 550 六轴六旋翼无人机中飞控、GPS、接收机三个零件的安装方向。
2. 猎隼 550 六轴六旋翼无人机电调编号顺序是怎样的？

任务二　穿越机飞行技巧训练

 学习目标

1. 知识目标

（1）掌握穿越机的系统组成。

（2）了解穿越机与传统无人机的区别和联系。

2. 能力目标

（1）能完成高难度飞行动作，如避障、翻滚等特技动作。

（2）提高应急处理能力，确保飞行的安全性和稳定性。

（3）能够掌握竞速比赛的技巧和策略，提高飞行速度和精确度。

3. 素养目标

（1）具有安全操作无人机的意识，遵守相关法律法规和操作规范。

（2）具有创新意识，探索穿越机在不同领域中的创新应用。

（3）具有沟通能力和团队合作精神，共同完成飞行任务。

 任务描述

穿越机飞行是一项令人兴奋的竞速运动。带上FPV第一视角眼镜，通过飞行器上图传设备的零延时图像回传的感知，然后用遥控器操控飞行翱翔。这种飞行方式，使人们能真正地感受到雄鹰俯瞰大地的视角及速度。本任务主要是学习穿越机飞行技巧和操作实践，利用现有穿越机装备，完成在不同场景下各类航线飞行训练，同时养成创新精神和团队合作意识。

 知识链接

知识点一：穿越机系统的组成

1. 穿越机系统组成

穿越机系统通常由FPV目镜、穿越机、遥控器、电池等主要部件组成，如图3-83所示。

穿越机　　　　　　FPV目镜　　　　　　　　　　　　　　　电池

图3-83　穿越机系统主要部件

2. 穿越机与多旋翼无人机的区别

穿越机与多旋翼无人机主要在结构和用途上有较大的差别，见表3-2。

表3-2　穿越机与多旋翼无人机的区别

类型	结构特点	用途特征
穿越机	多为四轴设计，注重轻量化和高速响应	专注于竞速和特技飞行，强调速度和灵活性
多旋翼无人机	通常设计为四轴或更多轴，具备自动稳定功能	通常用于航拍、测绘、监控、巡检等，强调稳定性和续航时间

知识点二：穿越机飞行时常见问题与应急处理

（1）穿越机飞行的常见问题包括电池电量不足、信号丢失、电机故障等。

（2）应急处理方法如下。

1）电池电量不足：学会监控电池电量，及时降落更换电池或对电池充电。

2）信号丢失：查找信号丢失的原因，并重新连接信号。

3）电机故障：识别电机故障的迹象，学会更换或维修电机。

4）GPS 失效：在 GPS 失效情况下，手动操作应掌握技巧，提前预判，保证飞行安全。

 ## 任务实施

技能点一：基础操控技能的训练

基础飞行动作练习：起飞与降落、悬停、自转、俯冲、上仰、左偏航、右偏航等基础操作与多旋翼无人机操作手法一致，具体操作步骤详见模块二任务三。

技能点二：进阶飞行技巧的训练

1. 训练目的

（1）规划飞行线路：能够选择最佳飞行线路完成训练。

（2）掌握速度控制：掌握穿越机不同飞行动作的速度控制技巧，提高操控精准度和飞行稳定性。

（3）提高综合能力：通过练习不同飞行动作，提高反应能力、逻辑能力、手眼协调能力及心理素质。

2. 训练内容

（1）前后翻滚。

步骤 1：准备工作。穿越机飞前后翻滚动作前首先需要检查穿越机的电池电量，确保电池充足，然后检查穿越机的硬件，包括螺旋桨、电机、遥控器连接等。最后设置飞行区域，选择一个开阔的场地，确保周围无障碍物。

步骤 2：飞向后翻滚动作。准备工作完成后，控制遥控器准备飞向后翻滚动作，首先左手推动油门，使穿越机达到适合的高度。高度满足要求后，右手向后打俯仰杆至最大位置，同时左手前推油门杆至最大位置，保持双手动作姿势不变，穿越机将做向后翻滚动作，航线如图 3-84 所示。

穿越机做前翻滚动作与做后翻滚动作类似，不同的是此时右手向前打俯仰杆至最大位置。

步骤 3：着陆。完成前后翻滚动作后，控制遥控器副翼杆回至中立位置，升降舵控制穿越机缓慢下降，确保下降过程平稳。在穿越机接近地面时，轻拉油门杆，使穿越机缓慢着陆。着陆后，关闭穿越机电源，随后关闭遥控器电源，检查飞行器是否完好。

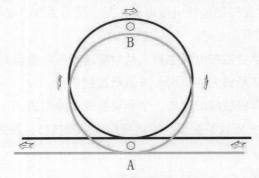

图 3-84　前后翻滚航线

训练要求：穿越机做翻滚动作时，会出现掉高现象。应适时改变飞行姿态，使穿越机变为平飞或爬升、悬停等，以免炸机。

难点：穿越机做连续前后翻滚时动作保持流畅，速度控制合理，操作精准，出现掉高时应及时改变飞行姿态，不出现错舵现象。建议增加训练的频率，提升对穿越机的操控感。

（2）横向翻滚。

步骤1：准备工作。穿越机飞横向翻滚动作前需要做的准备工作与前后翻滚动作一致。

步骤2：横向翻滚。准备工作完成后，控制遥控器准备飞横向翻滚动作，左手推动油门，穿越机达到适合的高度后，右手向右拨动副翼杆至最大位置，同时左手前推油门杆至最大位置，保持双手动作姿势不变，穿越机将以前飞方向为轴，以顺时针方向横向翻滚并前飞，航线如图3-85所示。

穿越机做逆时针横向翻滚动作与上述操作类似，不同的是右手应向左打副翼杆至最大位置。

步骤3：着陆。完成横向翻滚动作后，控制遥控器副翼杆回至中立位置，升降舵控制穿越机缓慢下降，确保下降过程平稳。在穿越机接近地面时，轻拉油门杆，使穿越机缓慢着陆。着陆后，关闭穿越机电源，随后关闭遥控器电源，检查飞行器是否完好。

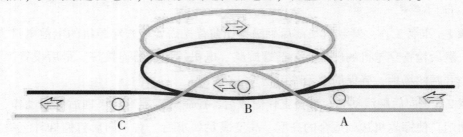

图 3-85　横向翻滚航线

训练要求：穿越机做连续横向翻滚动作时，会出现掉高现象。应适时改变飞行姿态，使穿越机变为平飞或爬升、悬停等，以免炸机。

难点：穿越机做横向翻滚时要保持动作流畅，速度控制合理，操作精准，出现掉高时应及时改变飞行姿态，不出现错舵现象。建议增加训练的频率，提升对穿越机的操控感。

（3）躲避障碍物。

步骤1：准备工作。穿越机飞躲避障碍动作前需要做准备工作，除与飞前后翻滚动作一致的准备内容外，还需要单独检查障碍场地的障碍物是否符合比赛场地要求，如图3-86所示。

步骤2：起飞。准备工作完成后，平稳地推动遥控器的油门杆，使穿越机缓慢起飞，保持悬停状态，这时观察穿越机的姿态，调整姿态控制杆，使穿越机保持水平。

步骤3：躲避障碍物。穿越机起飞后，操作者根据障碍物（如刀旗等）的摆放位置，控制穿越机向障碍物飞行，在靠近障碍物时，调整飞行路线，保持速度稳定。轻轻推拉遥控器的方向杆，使穿越机左右移动，绕过障碍物，完成绕障动作后，重新提升飞行高度，继续前进，重复上述动作，直至完成本次绕障飞行。

步骤4：着陆。完成绕障飞行后，控制遥控器副翼杆回至中立位置，升降舵控制穿越机缓慢下降，确保下降过程平稳。在穿越机接近地面时，轻拉油门杆，使穿越机缓慢着陆。着陆后，关闭穿越机电源，随后关闭遥控器电源，检查飞行器是否完好。

图3-86　飞越障碍物练习场地

训练要求：穿越机起飞要平稳，进入悬停状态后开始飞行。在飞行阶段要保持飞行轨迹平稳。越过障碍物时，穿越机高度和速度应控制合理，不能出现撞击或偏离现象。在着陆时也不能出现硬着陆或翻转现象。

难点：在绕障动作中，易出现高度控制不稳和方向偏离的情况。建议使用飞行记录设备，分析每次飞行的数据，找到操作中的不足，进行针对性练习。

（4）定点降落。

步骤1：准备工作。穿越机飞定点降落动作前需要做的准备工作除与飞前后翻滚动作一致的准备内容外，还需要在地面上设定一个直径约为1 m的降落标志点。

步骤2：起飞。准备工作完成后，平稳地推动遥控器的油门杆，使穿越机缓慢起飞，保持悬停状态，这时观察穿越机的姿态，调整姿态控制杆，使穿越机保持水平。

步骤3：飞行到指定地点。起飞调整完成后，控制穿越机上升到指定高度（约3 m），保持稳定悬停，操控穿越机飞行，观察穿越机回传图像，使图像中心对准降落点。确保降落位置准确，再次使穿越机进入悬停状态。

步骤4：定点降落。适当减小油门，逐渐降低穿越机的高度，确保下降过程平稳，调整穿越机的位置，使其始终保持在降落标志点上方，缓慢推动油门杆，使穿越机轻柔着陆于标志点内，确保降落位置准确，完成定点降落，航线如图3-87所示。

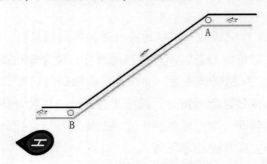

图3-87 定点降落飞行航线

训练要求：穿越机起飞要平稳，进入悬停状态后开始飞行。在飞行过程中保持高度稳定，并在降落点上方位置准确悬停。降落时要保持穿越机平稳，准确降落在标志点内。

难点：在定点降落过程中，若操作不连贯，易出现高度控制不稳和位置偏离的情况。建议增加定点降落训练的频率，逐步提高飞行难度，适应不同飞行环境。

技能点三：穿越机保养与维护

1. 训练目的

掌握穿越机的保养方法，可排除故障隐患，防止故障范围扩大或加重，使其保持稳定的性能，减少事故的发生，有效避免非操作失误导致的炸机，以便顺利完成下一次飞行任务。

2. 训练内容

（1）工具及方法：使用软毛刷、软布、压缩气体及中性清洗液等工具。保养时应注意及时清除缝隙及隐蔽处的外来杂物与灰尘，其间注意用力要轻，避免损伤穿越机。

（2）机械部件保养：首先检查是否有损坏的零部件，并及时更换；其次检查是否有安装不牢固的零部件，并及时紧固。

（3）电气部件保养。

步骤1：电池及供电系统保养。主要检查电池各参数是否在允许偏差范围内，如超差，及时更换；其次检查各用电单元供电是否可靠，有无虚接、漏接，及时排除隐患。

步骤2：电传系统保养。主要检查遥控器发出的指令信号，穿越机是否有对应的反应，如无对应反应，及时修理并排除故障；其次检查回传图像是否稳定、清晰，无中断、干扰现象，如回传图像有问题，应及时修理并排除故障。

步骤3：动力输出系统保养。主要检查各轴动力输出是否平衡，是否符合原设计参数，如出现偏差，应及时维修调整或更换老化、故障零部件，使穿越机动力系统恢复至原设计参数。

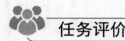

任务评价

被考评人			考评地点	
考评内容		穿越机飞行技巧训练		
考评指标		考评标准	分值	得分
知识技能掌握	知识点一	掌握穿越机系统的组成	5	
	知识点二	了解穿越机飞行时常见问题及应急处理	5	
	技能点一	能够准确完成基础飞行动作	20	
	技能点二	能够根据穿越机飞行动作要求，安全完成相关飞行训练	40	
	技能点三	能够规范维护和保养无人机	10	
素质培养	安全意识	能够在紧急情况下迅速采取正确的应对措施，保证穿越机安全	5	
	团队合作	能融入集体，愿意接受任务并积极完成	5	
	规范意识	具有工作规范意识，遵守飞行安全规范和法律法规	5	
	劳动精神	培养认真、创新、奋斗的精神	5	
合计			100	

拓展阅读

FPV（第一人称视角）飞行技术的兴起，为航拍、竞技和娱乐等领域带来了全新的变革。FPV，即 First Person View 的缩写，直译为"第一人称视角"。该技术通过在无人机上安装摄像头，使操作者能够通过头戴显示器或屏幕实时接收无人机的飞行视角，从而获得一种仿佛置身于无人机驾驶舱内的沉浸式体验。这种全新的操控方式极大地丰富了用户的操作感受和视觉享受。

操作 FPV 无人机并不复杂。操作者仅需要使用遥控器发送指令，并通过视频接收器接收无人机摄像头捕捉的画面，实时显示在操作者的显示屏上。操作者可以根据实时画面来调整无人机的飞行方向和速度。在航拍摄影领域，FPV 无人机能够捕捉到更加震撼的视角和画面，为摄影师提供了更广阔的创作空间。在赛事直播方面，FPV 技术能够提供更为直观和刺激的观看体验，让观众仿佛置身现场。在娱乐领域，FPV 飞行也已经成为一种新兴的运动项目，通过操纵 FPV 无人机进行各种花式飞行表演，享受着其中的乐趣。

尽管 FPV 飞行技术为我们带来了诸多便利和乐趣，但也存在一些问题需要解决。首先，由于 FPV 飞行的高度依赖视觉反馈，一旦遇到信号干扰或视线受阻等问题，就可能导致操控失误甚至事故的发生。因此，提高信号传输的稳定性和可靠性是当前亟待解决的问题之一。其次，随着 FPV 飞行技术的普及和应用范围的扩大，如何确保飞行安全、防止对他人造成干扰和伤害也是我们需要关注的重要问题。FPV 飞行技术作为一种新兴的技术形式，正在以其独特的优势改变着传统的航拍行业，并在未来有着广阔的发展前景。但是，我们也需要正视其中存在的问题和挑战，通过技术创新和管理规范等手段来解决这些问题，以促进FPV飞行技术的健康发展。相信在不久的将来，FPV飞行将会在我们的生活中扮演越来越重要的角色。

 巩固练习

一、选择题

1. 多旋翼飞行器控制电机转速的直接设备为（　　　）。
   A. 电源　　　　　　　　B. 电调　　　　　　　　C. 飞控　　　　　　　　D. 遥控器

2. 多旋翼飞行器GPS定位中，最少达到（　　　）颗星，才能够在飞行中保证基本的安全。
   A. 2~3　　　　　　　　B. 4~5　　　　　　　　C. 6~7　　　　　　　　D. 1~2

3. 多轴飞行器起降时接触地面的（一般）是（　　　）。
   A. 机架　　　　　　　　B. 云台架　　　　　　　C. 脚架　　　　　　　　D. 电机

4. 目前主流的民用无人机所采用的动力系统通常为活塞式发动机和（　　　）。
   A. 涡喷发动机　　　　　B. 涡扇发动机　　　　　C. 电动机　　　　　　　D. 柴油机

5. 六轴飞行器安装有（　　　）。
   A. 6个顺时针旋转螺旋桨
   B. 3个顺时针旋转螺旋桨，3个逆时针螺旋桨
   C. 4个顺时针旋转螺旋桨，2个逆时针螺旋桨
   D. 6个逆时针旋转螺旋桨

6. 关于多轴使用的无刷电机和有刷电机的说法，下列正确的是（　　　）。
   A. 有刷电调驱动交流电机
   B. 无刷电调驱动交流电机
   C. 无刷电调驱动直流电机
   D. 两类电机可以混合使用

7. 电调上最粗的红线和黑线用来连接（　　　）。
   A. 动力电池　　　　　　　　　　　　　　B. 电动机
   C. 机载遥控接收机　　　　　　　　　　　D. 飞控

8. 多轴无人机，电调上较细的白红黑3色排线，也称杜邦线，用来连接（　　　）。
   A. 电机　　　　　　　　　　　　　　　　B. 机载遥控接收机
   C. 飞控　　　　　　　　　　　　　　　　D. 电源

9. 常规的电子调速器上，中等粗细的几根线是用来连接（　　　）。
   A. 电池　　　　　　　　　　　　　　　　B. 电机
   C. 自驾仪或遥控器接收机　　　　　　　　D. 飞控

10. X模式六轴飞行器从悬停转换到向左平移，（　　　）轴需要减速。
    A. 后方两轴　　　　　　　　　　　　　　B. 左侧两轴
    C. 右侧两轴　　　　　　　　　　　　　　D. 前方两轴

11. 某螺旋桨是正桨,是指 (　　　)。

　　A. 从多旋翼飞行器下方观察,该螺旋桨逆时针旋转

　　B. 从多旋翼飞行器上方观察,该螺旋桨顺时针旋转

　　C. 从多旋翼飞行器上方观察,该螺旋桨逆时针旋转

　　D. 从多旋翼飞行器下方观察,该螺旋桨顺时针旋转

12. 某多轴飞行器螺旋桨标有"CW"字样,表明该螺旋桨 (　　　)。

　　A. 俯视多轴飞行器顺时针旋翼　　　　　B. 俯视多轴飞行器逆时针旋翼

　　C. 该螺旋桨为"CW"牌　　　　　　　　D. 仰视多轴飞行器顺时针旋翼

13. 多旋翼飞行器的遥控器一般有 (　　　)。

　　A. 2 个通道　　　　　B. 3 个通道　　　　C. 4 个及以上通道　　　D. 1 个通道

14. 多轴飞行器控制电机转速的直接设备为 (　　　)。

　　A. 电源　　　　　　　B. 电调　　　　　　C. 飞控　　　　　　　　D. 遥控器

15. 民用无人机在条件允许的情况下,一般要 (　　　)。

　　A. 顺风起飞　　　　　　　　　　　　　　B. 左侧风起飞

　　C. 逆风起飞　　　　　　　　　　　　　　D. 任意风向均可

16. 多旋翼飞行器在运输过程中的注意事项是 (　　　)。

　　A. 做好减振措施,固定云台并安装云台固定支架,装箱运输

　　B. 装箱运输,也可行李箱运输

　　C. 可随意拆装运输

　　D. 拆卸成散件进行运输

二、简答题

1. 穿越机系统一般由哪几部分组成?

2. 简述 360° 翻滚的操作步骤和注意事项。

3. 简述穿越机清洁保养的注意事项。

4. 猎隼 550 六轴六旋翼无人机调参时,机架如何选择?

5. 猎隼 550 六轴六旋翼无人机组装完成后,电机的旋转方向与要求方向相反怎么处理?

6. 猎隼 550 六轴六旋翼无人机螺旋桨的安装方法是什么?

7. 猎隼 550 六轴六旋翼无人机电调编号顺序是怎样的?

8. 穿越机飞行与多轴旋翼机有什么区别?

9. 简述穿越机翻滚飞行动作的注意事项。

10. 穿越机的保养项目有哪些?

模块四　无人机运行管理

 模块简介

　　随着现代航空航天技术、数据通信技术、人工智能技术的不断突破，无人机技术的发展也随之加快。无人机在军用、民用、工业等方面，都得到极为广泛的应用，众多产业通过"无人机+"或"+无人机"增值赋能，实现产业升级换代。无人机产业已融合发展成为战略性新兴产业，国家相关部门及众多省市均在规划中将无人机确定为须着力打造的极具发展潜力的优势产业，无人机的安全飞行被高度关注，相关法律法规也逐步完善。本模块主要学习无人机运行管理的相关规定。

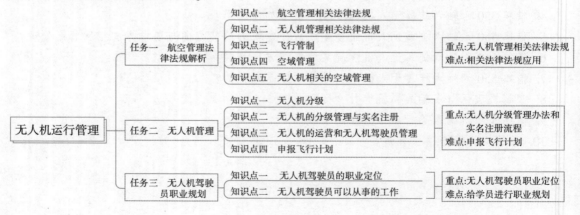

任务一　航空管理法律法规解析

 学习目标

1. 知识目标

（1）了解民航法规及无人机管理相关法律法规。

（2）掌握空中交通管制相关要求。

（3）掌握空域运行相关要求。

2. 能力目标

（1）能够遵守无人机法规。

（2）能够遵守空中交通管制相关规定。

3. 素养目标

（1）具有法律意识，遵守相关的航空法规。

（2）具有爱国情怀，自觉保守国家秘密。

 任务描述

航空管理法律法规是我国民用航空监管的主要法律依据，本任务主要学习航空管理相关法律法规，并在掌握这些法律法规的基础上，根据现有知识和各类媒介搜索到的信息，完成给定案例解析。

 知识链接

知识点一：航空管理相关法律法规

无人机涉及的训练、飞行、生产等活动都属于航空活动的范畴，所遵循的规章、制度属于民用航空法律法规的范畴。因此，在进行无人机操作前，必须全面掌握航空管理相关法律法规，主要包括《中华人民共和国民用航空法》《中华人民共和国飞行基本规则》《中华人民共和国保守国家秘密法》《民用航空空中交通管理规则》《中华人民共和国民用航空安全保卫条例》《民用机场管理条例》等。因篇幅有限，这里仅做简略介绍，详细内容可以查阅相关资料。

1.《中华人民共和国民用航空法》

《中华人民共和国民用航空法》是为了维护国家的领空主权和民用航空权利，保障民用航空活动安全和有秩序地进行，保护民用航空活动当事人各方的合法权益，促进民用航空事业的发展而制定的法律。

本法主要内容包括总则，民用航空器国籍，民用航空器权利，民用航空器适航管理，航空人员，民用机场，空中航行，公共航空运输企业，公共航空运输，通用航空，搜寻援救和事故调查，对地面第三人损害的赔偿责任，对外国民用航空器的特别规定，涉外关系的法律适用，法律责任，附则。

2.《中华人民共和国飞行基本规则》

为了维护国家领空主权，规范中华人民共和国境内的飞行活动，保障飞行活动安全有秩序地进行，制定的《中华人民共和国飞行基本规则》。凡辖有航空器的单位、个人和与飞行有关的人员及其飞行活动，必须遵守本规则。国家对境内所有飞行实行统一的飞行管制。

本规则主要内容包括总则，空域管理，飞行管制，机场区域内飞行，航路和航线飞行，飞行间隔，飞行指挥，飞行中特殊情况的处置，通信、导航、雷达、气象和航行情报保障，对外国航空器的特别规定，法律责任，附则。另外，本规则还包括辅助指挥、联络的符号和信号，飞行高度层配备标准示意图，拦截航空器和被拦截航空器的动作信号。

3.《中华人民共和国保守国家秘密法》

《中华人民共和国保守国家秘密法》是为了保守国家秘密，维护国家安全和利益，保障改革开放和社会主义建设事业的顺利进行而制定的法律。

本法主要内容包括总则、国家秘密的范围和密级、保密制度、监督管理、法律责任、附则。

按照本法第三十二条、第三十三条规定，对于保密要害部门和保密要害部位，按照国家保密规定和标准配备、使用必要的技术防护设施、设备；军事禁区和属于国家秘密不对外开放的其他场所、部位，应当采取保密措施，未经有关部门批准，不得擅自决定对外开放或者扩大开放范围。因此，在无人机的训练和使用过程中要特别注意当地涉及保密的空域和场所，要严格遵守法律法规，不在禁飞区域操作无人机。

4.《民用航空空中交通管理规则》

《民用航空空中交通管理规则》是为了保障民用航空飞行活动安全、有序和高效地进行，依据《中华人民共和国民用航空法》《中华人民共和国飞行基本规则》《通用航空飞行管制条例》以及国家其他有关规定，而制定的规则。

本规则主要内容包括总则，机构与运行管理，管制员执照及培训，空域，一般规则[包括空中交通管制服务的提供，管制责任的移交，空中交通管制许可，管制员的执勤，飞行申请和飞行计划，飞行进程单，气象情报，高度表拨正和过渡高度，跑道视程的通告，自动终端情报服务，水平速度调整，垂直速度调整，航空器的特定要求，位置报告，空中交通通信、通话及其使用的语言、时间和计量单位，航空器呼号，通用飞行及训（熟）练飞行的管制和指挥，机载防撞系统，基本管制工作程序]，管制间隔的方法和标准（包括一般规定，垂直间隔和安全高度，仪表飞行水平间隔，目视飞行水平间隔，航空器尾流间隔标准，间隔标准的降低），机场和进近管制服务，区域管制服务，目视飞行规则飞行的管制要求，仪表飞行规则飞行的管制要求，雷达管制，复杂气象条件和特殊情况下的空中交通管制，飞行情报服务和告警服务，协调，空中交通管制事故、差错的管理，空中交通运行保障设施，空中交通管制容量和空中交通流量管理，无人驾驶自由气球和无人驾驶航空器，法律责任，附则。

5.《中华人民共和国民用航空安全保卫条例》

《中华人民共和国民用航空安全保卫条例》是为了防止对民用航空活动的非法干扰，维护民用航空秩序，保障民用航空安全而制定的条例。

本条例主要内容包括总则、民用机场的安全保卫、民用航空营运的安全保卫、安全检查、罚则、附则。

6.《民用机场管理条例》

《民用机场管理条例》是为了规范民用机场的建设与管理，积极、稳步推进民用机场发展，保障民用机场安全和有序运营，维护有关当事人的合法权益，依据《中华人民共和国民用航空法》而制定的条例。

本条例主要内容包括总则，民用机场的建设和使用，民用机场安全和运营管理，民用机场安全环境保护，法律责任，附则。

知识点二：无人机管理相关法律法规

随着无人机民用化应用领域的开发，我国在无人机法律法规的制定方面已经有了长足的进步，颁布实施了有关无人机飞行及运行管理等一系列的规章制度，为无人机行业的有序发展提供了制度保障。进行无人机飞行，既要遵守与航空相关的法律法规，又要遵守无人机专门的法律法规，同时要关注、学习新颁布和新修订的法律法规。

无人机相关
法律法规介绍

无人机管理相关法律法规主要包括《无人驾驶航空器飞行管理暂行条例》《轻小无人机运行规定（试行）》《民用无人驾驶航空器系统空中交通管理办法》。另外，无人机应用相关的技术文件有《无人机航摄安全作业基本要求》（CH/Z 3001—2010）。

1.《无人驾驶航空器飞行管理暂行条例》

《无人驾驶航空器飞行管理暂行条例》是为了规范无人驾驶航空器飞行及有关活动，促进无人驾驶航空器产业健康有序发展，维护航空安全、公共安全、国家安全而制定的条例。由中华人民共和国中央军事委员会令第761号公布，自2024年1月1日起施行。

本条例主要内容包括总则，民用无人驾驶航空器及操控员管理，空域和飞行活动管理，监督管理和应急处置，法律责任，附则。

2.《轻小无人机运行规定（试行）》

近年来，民用无人机的生产和应用在国内外蓬勃发展，特别是低空、慢速、微轻小型无人机数量快速增加，占民用无人机的绝大多数。为了规范此类民用无人机的运行，依据CCAR-91部，而发布《轻小无人机运行规定（试行）》。

本规定主要内容包括制定该规定的目的，适用范围及无人机运行管理分类，无人机相关定义，民用无人机机长的职责和权限，民用无人机驾驶员资格要求，民用无人机使用说明书，禁止粗心或鲁莽的操作，摄入酒精和药物的限制，飞行前准备，限制区域，视距内运行（VLOS），视距外运行（BVLOS），民用无人机运行的仪表、设备和标识要求，管理方式，无人机云提供商须具备的条件，植保无人机运行要求，无人飞艇运行要求，废止和生效方面的说明。

3.《民用无人驾驶航空器系统空中交通管理办法》

《民用无人驾驶航空器系统空中交通管理办法》是为了加强对民用无人驾驶航空器飞行活动的管理，规范其空中交通管理工作，而制定的管理办法。本管理办法适用于依法在航路航线、进近（终端）和机场管制地带等民用航空使用空域范围内或对以上空域内运行存在影响的民用无人驾驶航空器系统活动的空中交通管理工作。

本管理办法主要内容包括总则、评估管理、空中交通服务、无线电管理、附则。

4.《无人机航摄安全作业基本要求》（CH/Z 3001—2010）

《无人机航摄安全作业基本要求》（CH/Z 3001—2010）是我国测绘行业标准化指导性技术文件。其主要内容包括范围，规范性引用文件，术语和定义，技术准备，实地踏勘和场地选取，飞行检查与操控，阶段工作小结，成果整理与验收，保障措施，设备使用与维护。

5.《民用无人驾驶航空器实名制登记管理规定》

《民用无人驾驶航空器实名制登记管理规定》是为加强民用无人驾驶航空器（简称民用无人机）的管理，对民用无人机拥有者实施实名制登记而特制定的管理规定。本管理规定适用于在我国境内最大起飞质量为 250 g 以上（含 250 g）的民用无人机。

知识点三：飞行管制

相关法律法规规定，我国对境内所有飞行实行统一的飞行管制。下面对飞行管制的相关知识进行简要介绍。

1. 飞行管制单位

中华人民共和国境内的飞行管制，由中国人民解放军空军统一组织实施，各有关飞行管制部门按照各自的职责分工提供空中交通管制服务。航空管理部门是指对从事飞行活动的航空单位具有管理职能的机关或单位，包括中国民用航空总局（简称民航局），国家体育总局，中国航空工业集团有限公司，中国人民解放军海军、空军和原总参谋部陆航局等。

（1）中国民用航空总局：中国民用航空总局是中国民航的主要管理机构，负责制定和执行民航政策、法规，监督和管理民航事务。

（2）国家体育总局：负责管理和指导全国的航空体育运动。

（3）中国航空工业集团有限公司：负责中国的航空工业发展，同时也参与部分航空器的运营和管理。

（4）中国人民解放军海军、空军和原总参谋部陆航局：这些军事部门负责管理其所属的航空单位，包括航空器的使用、调度和训练等。

以上只是航空管理部门的一部分，具体的管理机构会根据地区的不同而有所差异。

2. 飞行管制的基本任务

（1）监督航空器严格按照批准的计划飞行，维护飞行秩序，禁止未经批准的航空器擅自飞行。

（2）禁止未经批准的航空器飞入空中禁区、临时空中禁区或飞出、飞入国（边）境。

（3）防止航空器与航空器、航空器与地面障碍物相撞。

（4）防止地面对空兵器或对空装置误射航空器。

3. 飞行管制职责分工

按照飞行管制责任，可将飞行区域划分为飞行管制区、飞行管制分区、机场飞行管制区。

航路、航线地带和民用机场区域设置高空管制区、中低空管制区、终端（进近）管制区、机场塔台管制区。各类管制区的划设应当按照国家有关规定审批。各类管制区的飞行管制由有关飞行管制部门按照职责分工实施。所有飞行必须预先提出申请，经批准后方可实施。

4. 与无人机飞行相关的行业协会

与无人机飞行相关的行业协会包括中国航空器拥有者及驾驶员协会（AOPA-China）和中国航空运动协会（ASFC）。

（1）中国航空器拥有者及驾驶员协会。中国航空器拥有者及驾驶员协会（Aircraft Owners and Pilots Association of China，AOPA-China）是国际航空器拥有者及驾驶员协会（International Council of Aircraft Owner and Pilots Association，IAOPA）的中国分支机构。中国航空器拥有者及驾驶员协会在民政部登记注册，由中国民用航空局业务指导。

中国航空器拥有者及驾驶员协会可以提供无人机业务咨询服务和飞行计划、空域咨询等服务。

1）无人机业务咨询服务项目如下。

①相关法规查阅。

②根据无人机客户应用需求，制订对应方案并执行。

③帮助进行无人机前期测试，包括气象、机型、性能等。

④帮助进行项目评估、作业评估。

⑤帮助后期数据处理等。

2）飞行计划、空域咨询服务项目如下。

①相关法规查阅。

②根据客户需求，提供飞行计划、空域申请咨询和选择。

③协助准备申请材料，递交审批材料，办理相关审批手续。

④该协会还提供无人机驾驶员培训、取证服务。

（2）中国航空运动协会。中国航空运动协会（Aero Sports Federation of China，ASFC），简称中国航协，下设飞行委员会、气球委员会、跳伞委员会、悬挂滑翔及滑翔伞委员会、旋翼机委员会、滑翔委员会、航空航天模型委员会、通用航空委员会、航空教育委员会等。该协会由中华人民共和国国家体育总局航空无线电模型运动管理中心（简称航管中心）实施行业管理和行业指导。

中国航空运动协会负责与无人机相关的比赛项目是航空模型项目，包括自由飞行类、无线电遥控类、电动类等。该协会同时负责相关项目的培训、取证工作。

知识点四：空域管理

空域是根据飞行训练和作战的需要而划定的特定范围内的空间。空域就是航空器运行的环境。根据《民用航空空中交通管理规则》的规定，我国的空域可分为飞行情报区、管制空域、空中危险区、空中限制区、空中禁区。

1. 飞行情报区

飞行情报区（Flight Information Region，FIR）是指为提供飞行情报服务和告警服务而划定范围的空域。飞行情报是指重要气象情报、助航设备的变动、机场和有关设备的情况，其中包括跑道表面上的冰、雪、积水的情况及可能影响飞行安全的其他情报。

2. 管制空域

管制空域是指提供空中交通管制服务的空域范围，沿航路、航线地带和民用机场区域设置，在水平方向可划分为多个空中交通管制扇区。

在垂直方向，管制空域可划分为高空管制空域（A类）、中低空管制空域（B类）、进近管制空域（C类）和机场管制地带（D类），如图4-1所示。

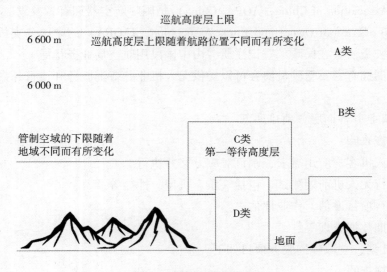

图4-1　管制空域划分

（1）高空管制空域。高空管制空域是指在标准大气压高度6 000 m（不含）以上的空间，在此空域内飞行的航空器必须按照仪表飞行规则飞行，并接受空中交通管制服务。

（2）中低空管制空域。中低空管制空域是指标准大气压高度6 000 m（含）至其下某指定高度的空间。在此类空域内飞行的航空器，可以按照仪表飞行规则飞行，并接受空中交通管制服务；对符合目视气象条件的，经航空器驾驶员申请，并经过相应的管制单位批准，也可以按照目视飞行规则飞行，并接受空中交通管制服务。

（3）进近管制空域。进近管制空域通常是指在一个或几个机场附近的航路、航线汇合处划设的、便于进场和离场航空器飞行的管制空域。它是高空管制空域或中低空管制空域与机场管制地带之间的连接部分，其垂直范围通常在6 000 m（含）以下最低高度层以上；水平范围通常为半径50 km或走廊进出口以内的除机场塔台管制区外的空间。在此空域内飞行的航空器，可以按照仪表飞行规则飞行，并接受空中交通管制服务；如果符合目视飞行规则的条件，经航空器驾驶员申请，并经相应的管制单位批准，也可以按照目视飞行规则飞行，并接受空中交通管制服务。

（4）机场管制地带。机场管制地带通常包括起落航线和最后进近定位点之后的航段，以及第一等待高度层（含）以下至地球表面的空间和机场机动区。在此类空域内飞行的航空器，可以按照仪表飞行规则飞行，并接受空中交通管制服务；对符合目视气象条件的，经航空器驾驶员申请，并经塔台管制室批准也可以按照目视飞行规则飞行，并接受空中交通管制服务。

3. 空中危险区、空中限制区、空中禁区

空中危险区、空中限制区、空中禁区是根据需要，经批准划设的空域。按照国家有关规定未经特别批准，任何航空器不得飞入空中禁区和临时空中禁区。在规定时限内，未经飞行管制部门许可的航空器，不得飞入空中限制区或临时空中限制区。在规定时限内，禁止无关航空器飞入空中危险区或临时空中危险区。

知识点五：无人机相关的空域管理

1. 融合空域和隔离空域

目前，我国民用无人机使用的空域可分为融合空域和隔离空域。融合空域是指与其他载人航空器同时运行的空域；隔离空域是指专门分配给无人机系统运行的空域，通过限制其他航空器的进入以规避碰撞风险。

原则上无人机应在隔离空域内飞行。

2. 微型无人机和轻型无人机的空域管理

微型无人机和轻型无人机具有体积小、速度慢、飞行高度低等特点，并且它们是无人机领域发展非常快的机型，应用越来越广泛。根据应用领域发展的需求，最新颁布的相关管理条例在充分尊重现有的空域管理特点，并维持整体制度不变的情况下，分别向微型无人机和轻型无人机开放了 50 m 以下、120 m 以下的空域，即在保障安全的前提下，在禁飞空域以外，上述机型无须批准，便可以飞行，满足了正常合理的飞行需求。

无人机禁飞区
讲解

（1）微型无人机禁飞空域。

1）高度在 50 m 以上的空域。

2）空中禁区以及周边 2 000 m 范围。

3）空中危险区以及周边 1 000 m 范围。

4）机场、临时起降点围界内以及周边 2 000 m 范围的上方。

5）国界线、边境线到我方一侧 2 000 m 范围的上方。

6）军事禁区及周边 500 m 范围的上方；军事管理区、设区的市级（含）以上党政机关、监管场所及周边 100 m 范围的上方。

7）射电天文台及周边 3 000 m 范围的上方；卫星地面站（含测控站、测距站、接收站、导航站）等需要电磁环境特殊保护的设施，以及周边 1 000 m 范围的上方；气象雷达站及周边 500 m 范围的上方。

8）生产、储存易燃易爆危险品的大型企业和储备可燃重要物资的大型仓库、基地及周边 100 m 范围的上方；发电厂、变电站、加油站和大型车站、码头、港口、大型活动现场及周边 50 m 范围的上方；高速铁路及两侧 100 m 范围的上方，普通铁路和省级以上公路及两侧 50 m 范围的上方。

9）军机超低空飞行空域。

（2）轻型无人机禁飞空域。

1）高度在 120 m 以上的空域。

2）空中禁区及周边 5 000 m 范围。

3）空中危险区及周边 2 000 m 范围。

4）军用机场净空保护区；民用机场障碍物限制面水平投影范围的上方。

5）有人驾驶航空器临时起降点及周边 2 000 m 范围的上方。

6）国界线到我方一侧 5 000 m 范围的上方；边境线到我方一侧 2 000 m 范围的上方。

7）军事禁区及周边 1 000 m 范围的上方；军事管理区、设区的市级（含）以上党政机关、核电站、监管场所及周边 200 m 范围的上方。

8）射电天文台及周边 5 000 m 范围的上方；卫星地面站（含测控站、测距站、接收站、导航站）等需要电磁环境特殊保护的设施及周边 2 000 m 范围的上方；气象雷达站及周边 1 000 m 范围的上方。

9）生产、储存易燃易爆危险品的大型企业和储备可燃重要物资的大型仓库、基地，以及周边 150 m 范围的上方；发电厂、变电站、加油站和中大型车站、码头、港口、大型活动现场及周边 100 m 范围的上方；高速铁路及两侧 200 m 范围的上方，普通铁路和国道及两侧 100 m 范围的上方。

10）军机低空、超低空飞行空域。

此外，植保无人机适飞空域位于轻型无人机适飞空域内，高度不超过 30 m，且在农林牧区域的上方。

 任务实施

（1）因非法设置、使用无人机无线电反制等设备涉嫌犯罪，移交公安机关相关案例。

步骤 1：典型案例详读。河北省张家口市蔚县某建材公司非法设置、使用无人机无线电反制设备案。

2021 年 11 月 30 日，河北省无线电管理机构和北京冬奥会场馆外围无线电保障组在河北张家口一带进行无线电干扰排查中，发现蔚县某建材公司院内设置有 1 套无人机无线电反制设备。经核实，该设备为该公司员工擅自设置使用，对相关重要行业无线电业务造成严重有害干扰。

步骤 2：案例解析。该案件因涉嫌违反《中华人民共和国刑法》关于扰乱无线电管理秩序罪的规定和《中华人民共和国无线电管理条例》的有关规定，按照《行政执法机关移送涉嫌犯罪案件的规定》，河北省张家口市无线电管理机构于当日将案件线索移交公安机关处理。

（2）企业非法设置、使用无人机无线电反制设备、GPS 信号屏蔽设备，影响卫星定位导航信号相关案例。

步骤 1：典型案例详读。山西省大同市某商贸公司非法设置、使用 GPS 信号屏蔽设备案。

2021年6月11日，山西省某部门投诉称其无线电业务受到有害干扰。山西省无线电监测中心通过开展无线电干扰排查，在云州区李汪涧村 S45 天黎高速旁的某驾校内，定位发现1套 GPS 信号屏蔽设备。经核实，该设备为大同市某商贸公司擅自设置使用。

步骤2：案例解析。该公司因违反《中华人民共和国无线电管理条例》第十四条、第二十七条的规定，山西省无线电管理机构依据《中华人民共和国无线电管理条例》第七十条的规定，对该公司给予"没收从事违法活动的设备并处 1 万元罚款"的行政处罚。

（3）个人非法设置、使用 GPS 信号干扰/屏蔽设备影响卫星定位导航信号相关案例。

步骤1：典型案例详读。山西省阳泉市个人非法设置、使用 GPS 信号干扰设备案。

2021年9月28日，山西省无线电管理机构在阳泉市开展无线电干扰排查中，发现一个不明信号并定位在杨家庄乡一处住宅建筑工地。经过山西省无线电管理机构技术人员现场逼近查找，干扰源为一辆私家车上安装的 GPS 信号干扰设备，经核实，为当事人擅自设置使用。

步骤2：案例解析。当事人因违反《中华人民共和国无线电管理条例》第十四条和第二十七条的规定，山西省无线电管理机构依据《中华人民共和国无线电管理条例》第七十条的规定对当事人给予"没收从事违法活动的设备"的行政处罚。

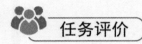 **任务评价**

被考评人			考评地点	
考评内容		航空管理法律法规解析		
考评指标		考评标准	分值	得分
知识掌握	知识点一	航空管理相关法律法规的主要目的和内容	10	
	知识点二	无人机管理相关法律法规的主要目的和内容	10	
	知识点三	飞行管制分类	10	
	知识点四	空域分类	10	
	知识点五	空域运行的相关要求	10	
素质培养	安全意识	注意保护国家安全，保守国家秘密	10	
	团队合作	能融入集体，愿意接受任务并积极完成讨论	10	
	规则意识	认真、严谨、遵守规则	10	
	知识运用	根据所学进行案例分析	20	
合计			100	

拓展阅读

随着全球经济一体化的加深和航空业的迅猛发展，民用航空法规的演变趋势日益明显。

1. 国际化趋势

随着航空业的全球化，民用航空法规也趋向于国际化。国际民用航空组织（ICAO）作为全球民用航空的领导机构，其出台的一系列国际标准和规定，对于航空业的规范和发展具有重要的意义。因此，未来民用航空法规的制定和执行，将更多地考虑到国际标准和法规的要求，以确保全球航空安全和服务的一致性。

2. 数字化转型

随着信息技术的不断发展，数字化已经成为民用航空法规的重要发展趋势。例如，民用航空法规的执行可以通过数字化技术实现，这样可以提高执行效率、降低运营成本、提高服务质量等。同时，数字化也可以促进民用航空业的技术创新和发展。

3. 智能化发展

智能化也是民用航空法规的发展趋势之一。随着人工智能和机器学习技术的应用，民用航空业的自动化和智能化水平将不断提高。例如，未来的民用航空器将会具备更高的自主飞行能力和自动化控制能力，这将对民用航空法规的制定和执行提出更高的技术要求。

民用航空法规是保障航空安全、维护公共利益、促进航空事业发展的重要法律法规。随着经济全球化和航空业的快速发展，民用航空法规的发展也在不断演变。未来的民用航空法规将更多地考虑到国际标准和法规的要求，数字化和智能化也将成为民用航空法规的重要发展趋势。

 巩固练习

一、填空题

1. 按照飞行管制责任，将飞行区域划分为_____、_____、_____。

2. _____就是航空器运行的环境。

3. 目前，我国民用无人机使用的空域可分为_____空域和_____空域。

二、简答题

简述中国航空器拥有者及驾驶员协会（AOPA-China）在无人机方面的主要服务内容。

任务二　无人机管理

 学习目标

1. 知识目标

（1）掌握无人机分级方法。

（2）了解无人机的分级管理与实名注册。

（3）了解无人机运营和无人机驾驶员管理相关规定。

2. 能力目标

（1）能够判断无人机的级别。

（2）能够掌握申报无人机飞行计划方法。

3. 素养目标

（1）具有规则意识，遵守相关的管理要求。

（2）具备敬畏生命、敬畏职责的职业精神。

 ## 任务描述

随着科技的不断发展，无人机成为人民生活中不可或缺的工具，应用领域极其广泛，然而在使用过程中也带来了一些问题，为解决这些问题，国家专门针对无人机出台了相关管理规定，在法律层面上保证了无人机的安全和合法使用。本任务主要学习无人机驾驶员必须掌握的无人机管理相关规定，能够根据规定判断无人机的级别，能正确填写《通用航空器临时飞行空域申请表》，并判断无人机飞行是否合法合规。

 ## 知识链接

知识点一：无人机分级

前面介绍的无人机分类方法是从技术角度出发的，从管理角度出发，我国对无人机实行分级管理。无人机的拥有者或驾驶员都应该掌握无人机所属级别，而且不同级别的无人机飞行前申请空域的渠道和流程有所不同。

我国的无人机可分为国家无人机和民用无人机。国家无人机是指用于民用航空活动之外的无人机，包括用于执行军事、海关、警察等飞行任务的无人机；民用无人机是指用于民用航空活动的无人机，这里主要介绍民用无人机的分级。根据运行风险大小，民用无人机一般分为微型无人机、轻型无人机、小型无人机、中型无人机和大型无人机。

1. 微型无人机

微型无人机是指空机质量小于 0.25 kg，设计性能同时满足飞行真高不超过 50 m、最大飞行速度不超过 40 km/h、无线电发射设备符合微功率短距离无线电发射设备技术要求的遥控驾驶航空器。

2. 轻型无人机

轻型无人机是指同时满足空机质量不超过 4 kg，最大起飞质量不超过 7 kg，最大飞行速度不超过 100 km/h，具备符合空域管理要求的空域保持能力和可靠被监视能力的遥控驾驶航空器，但不包括微型无人机。

3. 小型无人机

小型无人机是指空机质量不超过 15 kg 或最大起飞质量不超过 25 kg 的无人机，但不包括微型、轻型无人机。

4. 中型无人机

中型无人机是指最大起飞质量超过 25 kg 而不超过 150 kg，且空机质量超过 15 kg 的无人机。

5. 大型无人机

大型无人机是指最大起飞质量超过 150 kg 的无人机。

知识点二：无人机的分级管理与实名注册

1. 无人机的分级管理

自 2024 年 1 月 1 日起施行的《无人驾驶航空器飞行管理暂行条例》对无人机的管理有明确的规定。

（1）关于设计、生产、进口、飞行和维修活动的规定。

1）从事中型、大型民用无人驾驶航空器系统的设计、生产、进口、飞行和维修活动，应当依法向国务院民用航空主管部门申请取得适航许可。

2）从事微型、轻型、小型民用无人驾驶航空器系统的设计、生产、进口、飞行、维修以及组装、拼装活动，无须取得适航许可，但相关产品应当符合产品质量法律法规的有关规定及有关强制性国家标准。

3）从事民用无人驾驶航空器系统的设计、生产、使用活动，应当符合国家有关实名登记激活、飞行区域限制、应急处置、网络信息安全等规定，并采取有效措施减少大气污染物和噪声。

（2）关于无人驾驶航空器系统生产者的规定。

1）民用无人驾驶航空器系统生产者应当按照国务院工业和信息化主管部门的规定为其生产的无人驾驶航空器设置唯一产品识别码。

2）微型、轻型、小型民用无人驾驶航空器系统的生产者应当在无人驾驶航空器机体标注产品类型，以及唯一产品识别码等信息，在产品外包装显著位置标明守法运行要求和风险警示。

（3）关于民用无人驾驶航空器所有者的规定。民用无人驾驶航空器所有者应当依法进行实名登记，具体办法由国务院民用航空主管部门会同有关部门制定。涉及境外飞行的民用无人驾驶航空器，应当依法进行国籍登记。

2. 无人机的实名注册

根据《民用无人驾驶航空器实名制登记管理规定》，250 g 以上（包括 250 g）的民用无人机应当在"无人机实名登记系统"中登记。登记信息包括拥有者的姓名（单位名称和法人姓名）、有效证件、移动电话、电子邮箱、产品型号、产品序号和使用目的等。登记平台为"国家无人驾驶航空器一体化综合监管服务平台（民用无人驾驶航空器综合管理平台）"（https：//uom.caac.gov.cn/#/login）。无人机实名注册网站首页如图 4-2 所示。

图4-2　无人机实名注册网站首页

知识点三：无人机的运营和无人机驾驶员管理

1. 无人机运营

根据《民用无人驾驶航空器经营性飞行活动管理办法（暂行）》规定，取得无人驾驶航空器经营许可证（图4-3）。应当具备下列基本条件：

图4-3　民用无人驾驶航空器经营许可证

（1）从事经营活动的主体应当为企业法人，法定代表人为中国籍公民。

（2）企业应至少拥有一架无人驾驶航空器，且以该企业名称在中国民用航空局"民用无人驾驶航空器实名登记信息系统"中完成实名登记。

（3）具有行业主管部门或经其授权机构认可的培训能力（此款仅适用从事培训类经营活动）。

（4）投保无人驾驶航空器地面第三人责任险。

（5）具有下列情形之一的，不予受理无人驾驶航空器经营许可证申请：

1）申请人提供虚假材料被驳回，一年内再次申请的。

2）申请人以欺骗、贿赂等不正当手段取得经营许可证后被撤销，三年内再次申请的。

3）因严重失信行为被列入民航行业信用管理"黑名单"的企业。

4）法律、法规规定不予受理的其他情形。

（6）申请人应当通过"民用无人驾驶航空器经营许可证管理系统"在线申请无人驾驶

航空器经营许可证，申请人须在线填报以下信息，并确保申请材料及信息真实、合法、有效：

1）企业法人基本信息。

2）无人驾驶航空器实名登记号。

3）无人机驾驶员培训机构认证编号（此款仅适用于培训类经营活动）。

4）投保地面第三人责任险承诺。

5）企业拟开展的无人驾驶航空器经营项目。

2. 无人机驾驶员管理

（1）无人机驾驶员条件要求。

1）轻型无人机驾驶员应当年满 14 周岁，未满 14 周岁应当有成年人现场监护；小型无人机驾驶员应当年满 16 周岁；中型、大型无人机驾驶员应当年满 18 周岁。

无人机执照
与合格证

2）微型和轻型无人机的驾驶员在适飞空域飞行不需要持有合格证或执照，只需要掌握运行守法要求和风险提示即可；微型和轻型无人机的驾驶员超出适飞空域飞行，需要参加安全操作培训的理论培训部分，并通过考试取得理论培训合格证。小型、中型、大型无人机的驾驶员必须取得安全操作执照。

3）分布式操作的无人机系统或集群，其操作者个人无须取得安全操作执照，组织飞行活动的单位或个人及管理体系应当接受安全审查并取得安全操作合格证。

（2）无人机（无人驾驶航空器系统）驾驶员合格证。按照相关规定，向民航、空军等主管单位申请空域进行无人机飞行时，无人机驾驶员必须具备官方颁发的或官方认可的资格证书。

无人机驾驶员有四种可以考取的执照，分别是 CAAC、AOPA、UTC、ASFC。

1）CAAC。在这四种执照中，CAAC 是含金量和权威性居首的执照，如图 4-4 所示，直接由交通运输部下设的民航局进行管理，并记录在民航系统里。

图 4-4　CAAC 民用无人机驾驶航空器系统驾驶员合格证

2）AOPA。AOPA 的中文名为中国航空器拥有者及驾驶员协会，是国际航空器拥有者及驾驶员协会（IAOPA）的中国分支机构，是协会在中国的唯一合法代表。业务主管单位是中国民用航空局，登记管理机关是中华人民共和国民政部。如果考过了 CAAC，可以同步申请 AOPA 的合格证，不需要额外考试。

AOPA 民用无人机驾驶航空器系统驾驶员合格证，如图 4-5 所示，分视距内驾驶员、超视距驾驶员、教员 3 个级别。

正面　　　　　　　　　　　　　反面

图 4-5　AOPA 民用无人机驾驶航空器系统驾驶员合格证

3）UTC。UTC 由无人机厂商大疆旗下的培训机构颁发，因此考试仅限于大疆无人机。

4）ASFC。ASFC 会员证由中国航空运动协会颁发，该协会隶属于国家体育总局。

在传媒公司的无人机编队表演、广大青少年中宣传和普及航空知识、开展群众性的航空体育运动时都需要这个证书，还可以作为航空体育赛事的技能评定证书。此外，ASFC 中级执照也可以作为申请空域的材料。

知识点四：申报飞行计划

微型、轻型无人机在适飞空域遵守规定飞行不需要申报飞行计划。其他无人机进行飞行前除需要进行无人机注册、取得无人机驾驶员合格证、申请空域外，还要申报飞行计划。在飞行过程中，应当按照民航主管部门的规定，开启电子围栏功能，接入无人机管理服务系统，保持通畅有效的通信链路，接受相关主管部门的监督和指挥，确保无人机在规定的区域、时段、按照规定的运行要求开展飞行。

特殊空域飞行申请

1. 申报流程

根据相关规定，无人机飞行计划申报流程如下：

（1）获得飞行任务及任务委托书。

（2）提前 7 天携带相关文件材料在飞行实施地所在部队司令部办理审批手续。

（3）携带相关文件材料在所在地民航监管局运输处、空管处办理相关手续。

（4）携带获批复印件及相应的文件材料在所在地民航空管分局管制运行部办理相关手续。

（5）与所在地民航空管分局鉴定飞行管制保障协议（或召开飞行协调会）。

（6）飞行实施日前一天 15 时前向当地空管部门提交飞行计划，如不在机场管制范围内，可直接向所在地民航空管分局管制运行部区域管制室提交，在飞行实施前 1 h 提出申请。

（7）区域管制室向飞行实施地所在部队司令部航空管制中心提交飞行申请。

（8）飞行实施地所在部队司令部航空管制中心给予调配意见。

2. 申报所需材料

申报无人机飞行计划所需材料：公司营业执照、航空适航资质、人员执照（身份证、无人机驾照）、任务委托书、飞行申请表。其中，飞行申请表全称是通用航空器临时飞行空域申请表，见表 4-1。

表 4-1　通用航空器临时飞行空域申请表

飞行单位		单位地址		
飞行员姓名	身份证号		联系方式	
	执照编号			
航空器种类	型号		数量	
飞行任务类型		飞行地点		
飞行时间		飞行高度		
飞行范围（注明经纬度）	例如，以××××地方（北纬××°××′××″，东经××°××′××″）为临时起降点半径 60 m 范围内飞行			
飞行单位意见	例如：我单位将严格按照批准的飞行范围、高度、时限组织飞行。飞行实施前完成对飞行人员安全教育和航空器的安全检查，并对飞行实施过程中的安全及其他附带责任负责。 负责人 签字（盖章） 年　　月　　日			
任务部门意见	例如，我单位委托（×××飞行单位）完成（×××）任务，同意申请临时飞行空域。 联系人：　　　　　　　联系方式： （盖章） 年　　月　　日			
说明	1. 此表作为通用航空活动临时飞行空域申请证明材料由航空管制单位备案，请飞行单位、任务单位填写，并对填写内容准确性负责。 　2. 飞行单位完成航空测量任务，需提供××战区任务批件；完成空中拍摄任务，飞行单位需提供航拍数据保密承诺书。 　3. 飞行人员执照复印件作为必要附件一并提交			

飞行计划申报通过后，一般由主管部门发回通用航空器临时飞行空域回执单，见表 4-2。

表 4-2　通用航空临时飞行空域回执单

飞行单位		单位地址		
飞行员姓名	身份证号		联系方式	
	执照编号			
航空器种类	型号		数量	

续表

飞行单位		单位地址	
飞行任务类型		飞行地点	
飞行时间		飞行高度	
飞行范围（注明经纬度）			
航管部门意见	1. 严格按照批准的飞行范围、高度、时限组织飞行，禁止未经批准擅自飞行。 2. 严禁进入重要目标及军事管理区域上空。 3. 飞行实施过程中的安全及其他附带责任由飞行单位自行负责。 联系电话： 签字（盖章） 年　月　日		
说明	1. 飞行前 1 h 联系航空管制部门，获得许可后方可组织飞行。 2. 飞行单位及时向航空管制部门报告起飞、降落时刻。 3. 遇有飞行突发特殊情况及时报告航空管制部门。 4. 此回执单由飞行单位留存，作为合法合规飞行的依据，由飞行单位到当地公安部门备案。公安部门、民航监管部门可通过联系电话向我部查证核实		

3. 申报主管单位

根据无人机飞行任务及航空器性质不同，涉及的申报飞行计划的主管单位及批准文件如下：对于外国航空器或外国人使用国内航空器，需要中央军委联合参谋部批准文件；进行航空摄影、遥感、物探等工作任务，需要中国人民解放军战区以上机关批准文件；对于体育类航空器，需要地市级以上体育部门许可证明；对于大型群众性、空中广告宣传活动，需要当地公安机关许可证明；对于无人机驾驶请求，需要地市级以上气象部门许可证明。

 任务实施

（1）扰乱空中管理秩序，影响民航安全飞行，干扰部队正常训练的相关案例。

步骤 1：典型案例详读。某技术有限公司员工"黑飞"案。

2018 年 2 月 7 日，某技术有限公司员工唐某与某航空有限公司郭某等 4 人，操纵油电混合动力无人机在河北省某地上空约 1 000 m，对某生产区域进行航空测绘。其间，中国人民解放军中部战区的雷达部队发现了该次空情，出动了战斗机升空查证，同时，派出地面部队赴事发地域，协助地方公安部门进行处置。经调查，唐某和郭某等 4 人都不具备无人机驾驶资格，在操纵无人机飞行前也没有申请空域。

步骤 2：案例解析。该 4 人涉嫌过失以危险方法危害公共安全罪，将受到法律的制裁。另外与引发该事件相关的单位和个人也将承担相应的责任和处罚。这次违规飞行（"黑

飞")事件好像虽然没有造成重大损失,但实际上扰乱了空中管理秩序,影响了民航安全飞行,干扰了部队正常训练,占用了战备资源,耗费了大量的人力、物力,给相关地区空防安全带来了严重的威胁,是一起无人机违法飞行对军、民航造成巨大损失的事件。

(2)无证驾驶无人机被处罚案例。

步骤1:典型案例详读。某人无证驾驶无人机进行拍摄活动。

2020年12月19日傍晚,武汉铁路公安处武汉站派出所民警在车站西进站口巡逻时,突然发现上方不远处有一架无人机在飞行。该民警立即向派出所指挥室报告,同时,在附近查找无人机操作者。来到车站西广场,民警在一根路灯杆旁边找到操作者李某,立即将其控制并要求降下无人机。经查,李某以拍摄、制作视频为生,但没有取得无人机飞行执照。此次未经任何报备,准备操作无人机至武汉火车站近距离拍摄"武汉站"字样,无人机刚飞行至西进站口上方,便被民警查获。

步骤2:案例解析。高速铁路接触网电压超过2万伏,无人机一旦靠近会受到强磁场的干扰,极易发生坠机。一旦无人机挂在高压线上,或者坠落在铁轨上都会对列车运行产生严重危害。经测量,该无人机飞行地点与铁路线路直线距离不足百米,武汉铁路公安处依法对李某处以行政罚款500元。

从这些案例可以认识到,操纵无人机切不可随意进行。在从事无人机相关工作前,要全面、系统地学习相关法律法规,应在正规渠道取得无人机驾驶资格证。在操纵无人机前要按照正规流程提出申请,操纵无人机过程中应严格按照规定飞行,坚决杜绝违法、违规操作,完成飞行后要及时总结经验。

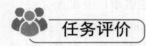 **任务评价**

被考评人			考评地点	
考评内容		无人机管理		
考评指标		考评标准	分值	得分
知识掌握	知识点一	无人机分级及各级别参数指标	10	
	知识点二	无人机分级管理的相关规定及实名注册规定	10	
	知识点三	取得无人驾驶航空器经营许可证应当具备的基本条件	10	
	知识点四	无人机飞行计划申报流程	10	
素质培养	安全意识	注意保护国家安全,保守国家秘密。注意飞行安全	10	
	团队合作	能融入集体,愿意接受任务并积极完成讨论	10	
	规则意识	认真、严谨、遵守飞行规则	10	
	知识运用	能够按照规定申请飞行计划并进行无人机飞行	30	
合计			100	

 拓展阅读

无人机扰航

2021年2月18日，青海西宁曹家堡国际机场发生无人机干扰航班事件，造成当日部分航班备降、晚点，大量旅客滞留。事件发生后，机场公安分局立即成立专案组，以涉嫌危害公共安全罪开展立案侦查。最终，机场公安分局历经32天的缜密侦查，抓获违法嫌疑人10名，其中治安拘留6人、治安罚款2人、移交其他部门处理2人，查扣收缴无人机10架，严厉打击了在青海西宁曹家堡国际机场净空区无人机"黑飞"违法行为，有效维护了青海西宁曹家堡国际机场空防安全。

 巩固练习

一、填空题

1. 根据运行风险大小，民用无人机一般可分为_____无人机、_____无人机、_____无人机、_____无人机、_____无人机。

2. AOPA民用无人驾驶航空器系统驾驶员合格证可分为_____、_____、_____3个级别。

二、选择题

1. 轻型无人机驾驶员应当满（   ）周岁。

  A. 12   B. 14

  C. 16   D. 18

2. 小型无人机驾驶员应当满（   ）周岁。

  A. 12   B. 14

  C. 16   D. 18

三、判断题

微型、轻型无人机在适飞空域遵守规定飞行不需要申报飞行计划。   （   ）

四、简答题

1. 简述飞行计划的申报流程。

2. 设定一个场景和条件，模拟填写《通用航空器临时飞行空域申请表》。

任务三　无人机驾驶员职业规划

 学习目标

1. 知识目标

(1) 了解无人机驾驶员的职业定位。

(2) 了解无人机驾驶员可从事的工作。

2. 能力目标

(1) 能够分析无人机相关工作的人才需求。

(2) 能够根据自身条件判断可从事的工作。

3. 素养目标

(1) 树立职业意识，规划职业方向。

(2) 根据工作岗位要求，提升自身的职业素养。

 任务描述

随着无人机应用在各行各业的逐渐增多，从事无人机驾驶员职业的人也逐年增加，本任务主要是学习无人机驾驶员的职业定位及前景，通过对无人机驾驶员这个职业的深入了解和对当前社会需求的分析，在学习无人机操控技术和考取无人机驾驶员资格后，制定合理的职业规划。

 知识链接

知识点一：无人机驾驶员的职业定位

1. 新型职业

无人机是无人驾驶飞行器（Unmanned Aerial Vehicle，UAV）的简称，是指利用无线遥控设备和自有程序控制的不载人飞行器，可在无人驾驶

无人机系统
驾驶员考核

的条件下，完成复杂的空中飞行和特定作业任务，是飞行的"空中机器人"。无人机驾驶员（无人机驾驶员、无人机操控员，简称为无人机飞手）就是操作、控制无人机的职业人员。2019 年 4 月 1 日，国家人力资源和社会保障部、国家市场监督管理总局、国家统计局已正式将无人机驾驶员职业列入国家 13 个新增职业。

2. 专业培训

无人机与无人机驾驶员是人、机分离的，靠通信信道进行相连，而感知和操控无人机的状态都有时间延迟。因此，无人机驾驶员必须经过职业化的专业培训，取得无人机驾驶员的资格，才能驾驶无人机，完成专业无人机的航空作业任务。

3. 专业技能

无人机驾驶员必须要有较强的目视遥控飞行的专业技能，这是成为高水平专业无人机驾驶员的基础。

知识点二：无人机驾驶员可以从事的工作

1. 运动员

作为各类无人机赛事的运动员，需要熟练操作无人机，使无人机飞行平稳、流畅，同时还要会调试无人机，具备良好的心理素质。

职业出路：运动员、军人、教练、教师和试飞员。

2. 试飞员

承担无人机飞行及关键零部件试验任务，主要通过操控无人机试飞摸索出无人机研发、试制中存在的不足和问题，提供优化建议。

职业出路：运动员、试飞员、无人机产品调试人员和无人机产品检修人员。

3. 首席执行官

首席执行官（CEO）是企业中从事组织、管理并承担经营风险的人。无人机企业的CEO很多是无人机操控人员，凭借操控经验，找到无人机开发的亮点、不足及创新点。

职业出路：无人机企业的CEO、无人机企业的顾问、无人机企业的董事。

4. 工程师

无人机行业的工程师能够帮助无人机企业界定问题，提升无人机企业的生产技术。工程师是无人机企业产品原型机的设计者，也是产品迭代的参与者，加速无人机新品快速上市。出色的无人机驾驶员能够成为无人机行业的工程师。

职业出路：无人机企业的工程师、无人机产品的质量师、无人机产品的研究员。

5. 销售员

优秀的无人机驾驶员既能够进行无人机产品的现场演示，又能够讲深、讲透无人机的特性、特点，对推广无人机新产品，或开拓无人机教育、培训市场，是不可多得的销售人才。

职业出路：无人机产品的销售员、无人机产品的策划师、无人机产品的培训员。

6. 职业经纪人

资深的无人机驾驶员能够担任无人机职场的管家，即无人机职业经纪人，能从以下几个方面帮助无人机新人和同行：

（1）工作意向+职业困惑+职业成长。

（2）推荐职位+导师约见+职场进阶。

（3）结识同行+建立个人职业圈子。

（4）介绍无人机相关的业务。

职业出路：无人机职业的经纪人、无人机职业的规划师、无人机业务的中间人。

7. 教师

普及无人机知识和技能，开发无人机方面的能力，需要大量的无人机方面的专业教师。热爱教育事业，具有较强表达能力而又成熟的无人机驾驶员，可以从事该岗位或职业。

职业出路：无人机专业教师、无人机专业实训教师、无人机专业培训师。

8. 教练

教练指导、训练和督导学生、学员、运动员完成无人机训练、比赛任务。

职业出路：无人机专业教练、无人机专业教师、无人机专业培训师。

9. 裁判

裁判是无人机竞赛中，负责维持赛场秩序，并根据竞赛规则，对运动员竞赛成绩和竞赛中发生的各种问题做出评判、裁决的人员。

职业出路：无人机专业裁判、无人机专业技术顾问、无人机专业技术指导。

10. 解说员

（1）无人机解说员的作用。

1）给观众带来乐趣。无人机解说员的讲解，可以使观众更加轻松地观看一场无人机竞技。

2）提高观众观赛效果。在无人机赛场上，无人机解说员的语速、语音、语调、节奏、表情、动作、姿态都会影响观众观赛效果。

3）爱国主义宣传。在国际无人机比赛中，无人机解说员引导的爱国情绪也会使观众在欣赏赛事的过程中产生明显的爱国情感，所以，国际无人机赛事解说也是进行爱国主义宣传的重要方式。

（2）解说内容。对无人机竞技比赛相关活动进行解说，与传统体育解说类似，都是通过语言、画面和文字等手段对一切与无人机比赛相关的活动进行描述、分析、评论、预测和烘托等的一种播音形式。

职业出路：无人机专业技术解说员、无人机专业裁判、无人机专业技术顾问。

11. 航拍

无人机航拍可以作为优秀无人机驾驶员创业、谋生的好职业。无人机航拍能提供一定高度的俯视视角，拍摄宏观形象，提供焕然一新的冲击感和全新的视觉享受。航拍内容主要涉及人、景、新闻、故事、人文等。

职业出路：航拍工作者、新闻记者、电影特技拍摄者、媒体工作者、自媒体工作者、航拍专业教师、宣传广告制作者、宣传工作者、旅游宣传者和文案作者。

12. 表演

将无人机作为表演元素，参与艺术创作，已经发展成一个职业。

运用科技与艺术的融合探索，无人机与声光、电及其他"传统"表演形式和载体的结合，可以在空间里创造出震撼的视觉，具有一定的艺术价值。

职业出路：无人机专业表演人员、无人机表演专业教师、无人机表演专业培训师、无人机编队研究人员、无人机编队专业开发人员、无人机编队专业调试人员和无人机编队专业操控人员。

13. 农业植保

无人机进行农业植保，能有效地解决农业生产人力不足、成本高、人工效率低、人工作业危害健康等一系列问题。

职业出路：植保无人机操作员、植保无人机维修人员、植保无人机专业指导教师、植保无人机培训师和植保无人机销售员。

14. 电力巡线

无人机进行电力巡线能有效地解决传统电力巡线数据不直观、精度低、再利用程度不高、作业强度大、作业周期长及复杂地区难以作业等问题，无人机将促进电力巡线方式的变革。

职业出路：电力巡线无人机专业操控人员、电力巡线无人机专业维护人员、电力巡线无人机专业培训教师、电力巡线无人机专业实训指导教师和电力巡线无人机专业销售人员。

15. 石油、天然气管道巡线

石油、天然气管道巡检难点特别多，不仅具有易燃、易爆等高危险性，而且线路特别长，许多线路埋在地下，出现问题不易被及时发现。把无人机的优势应用到石油、天然气管道巡线将是大势所趋。

职业出路：石油、天然气管道巡线无人机专业操控人员，石油、天然气管道巡线无人机专业维护人员，石油、天然气管道巡线无人机专业培训教师，石油、天然气管道巡线无人机专业实训指导教师，石油、天然气管道巡线无人机专业销售人员。河道巡查无人机专业操控人员、河道巡查无人机专业维护人员、河道巡查无人机专业教师、河道巡查无人机专业培训指导教师和河道巡查无人机专业销售人员。

16. 环保

大气污染和江河环境污染涉及范围广，又极其易于流动和扩散，往往难以快速、实时、精准地获取监测数据，并且难以辨别出污染的直接来源地，运用"无人机+传感器+红外线"，可以对区域内进行 24 h 的实时检测，有利于寻找污染源，及时进行处置。

职业出路：环保无人机专业操控人员、环保无人机专业测试人员；环保无人机专业维护人员、环保无人机专业教师、环保无人机专业实训指导教师和环保无人机专业销售人员；河道巡查无人机专业操控人员、河道巡查无人机专业维护人员、河道巡查无人机专业教师、河道巡查无人机专业培训指导教师和河道巡查无人机专业销售人员。

17. 交通监控

因恶劣天气、交通事故等突发情况导致发生交通拥堵时，由于有车辆违法占用应急车道，这将会影响交通疏导和事故应急救援人员快速到达现场，运用无人机进行实时空中交通监控，可以有效地发现堵点，及时进行处置。

职业出路：交通监控无人机专业操控人员、交通监控无人机专业维护人员、交通监控无人机专业培训教师、交通监控无人机专业实训指导教师和交通监控无人机专业销售人员。

18. 无人机快递

无人机快递可以解决偏远地区配送问题，如图 4-6 所示，提高配送效率，降低人力成本，当国家的低空领域全面放开后，无人机快递将有望取代人工快递。

图 4-6　无人机快递

职业出路：无人机快递专业操控人员、无人机快递专业维护人员、无人机快递专业培训教师、无人机快递专业实训指导教师和无人机快递专业销售人员。

19. 消防

随着城市建设的快速发展，高层建筑越来越多，对高层建筑的灭火一直是一个难题，其原因是大型消防车水枪的水压能达到的高度有限，而消防无人机则不受高度限制。

职业出路：消防无人机专业操控人员、消防无人机专业维护人员、消防无人机专业培训教师、消防无人机专业实训指导教师和消防无人机专业销售人员。

20. 遥感测绘

无人机通过遥感测绘能快速准确地获取某区域内的地物信息，整合、普查土地资源，为工程建设前期提供相关资料和后期效果，为国家数字城市建设提供基础数据。

职业出路：地理、地质遥感测绘人员，建筑测绘、设计人员，铁路工程建筑测绘人员，土地资源测绘普查人员，地理、地质遥感测绘专业教师，地理、地质遥感测绘专业实训指导教师，遥感测绘无人机专业销售人员。

 任务实施

步骤 1：典型案例详读。无人机爱好者进行职业规划的案例：

王某某是一名对航空领域充满热情的年轻人，最近完成了无人机驾驶员的培训课程。他对这个行业的发展充满信心，并希望能够通过职业规划实现个人目标（成为一名专业的无人机驾驶员），并在该领域中取得成功。他希望能够在不同的行业中应用无人机技术，如农业、建筑、电力、安全监控等领域，并最终成为一名资深的飞行专家。

步骤 2：案例解析。通过良好的职业规划，设定了清晰的目标，并制订了实际可行的行动计划。通过不断的学习和努力，逐步实现在无人机驾驶员领域的职业梦想，并为未来的职业发展打下坚实的基础。

步骤 3：职业规划。

（1）阶段一，入门阶段。

目标：获得无人机驾驶员的基本资格证书，并获取相关的实践经验。

行动计划：参加认可的无人机培训课程，通过理论和实操考试，获得驾驶员资格证书。在实践中不断磨炼飞行技术，积累飞行小时数。

（2）阶段二，专业发展阶段。

目标：深入了解无人机技术，并在特定领域中建立专业知识和技能。

行动计划：参加进阶的无人机培训课程，学习更复杂的飞行技术和应用技能。选择一个或多个特定领域，如农业、建筑或安全监控，并通过项目实践积累相关经验。

（3）阶段三，职业发展阶段。

目标：成为该领域的专家，拓展职业发展的多样化道路。

行动计划：获得更高级别的无人机驾驶员认证，如飞行教练或监管者。积极参与行业会议、研讨会，拓展人脉关系，并持续学习新技术和行业趋势。考虑创业或咨询等多元化的职业发展道路。

步骤4：持续学习与发展。王某某意识到无人机技术在不断发展，因此持续学习和专业发展至关重要。他计划定期参加行业相关的培训课程和认证考试，以保持竞争优势，并随时适应行业变化。

 任务评价

被考评人			考评地点	
考评内容		无人机驾驶员职业规划		
考评指标		考评标准	分值	得分
知识掌握	知识点一	无人机驾驶员的职业定位	10	
	知识点二	无人机驾驶员可以从事的工作，并基于此能描述无人机驾驶员的职业出路	30	
素质培养	安全意识	注意保护国家安全，保守国家秘密	10	
	团队合作	能融入集体，愿意接受任务并积极完成讨论	20	
	规则意识	遵守飞行规则，保障飞行安全	10	
	知识运用	能够分析无人机相关工作的人才需求并根据自身条件判断可从事的工作	20	
合计			100	

 拓展阅读

学习无人机技术的重要性体现在以下几个层面：

（1）无人机技术具有广阔的发展前景，涉及领域广泛，如军事、民用航空、电影拍摄、物流、农业、环境监测等。可以为社会和各行业带来更多的便利，成为未来的重要发展领域。

（2）学习无人机技术可以为个人提供更多的职业发展机会。随着无人机技术在军事和民用领域中越来越重要，相关职业也越来越受到欢迎，如无人机操作员、无人机维修技术员、航空器设计师等。

（3）学习无人机技术需要掌握先进的科技知识，需要不断地追求创新思维，从而开发出更加先进的无人机系统和技术。

（4）随着无人机技术的不断发展和普及，学习无人机技术可以使个人和组织在技术竞争中保持领先地位，为未来的技术发展奠定坚实的基础。

（5）无人机技术也可以作为一种新的兴趣爱好，为人们提供更多乐趣和探索的机会，同时，也可以提升公众的科技素养。

综上所述，学习无人机技术具有广泛的发展前景和职业发展机会，同时，也可以促进创新思维和技术领先。在未来的发展中，无人机技术将会发挥越来越重要的作用，对社会和人类的发展产生积极的影响。

 ## 巩固练习

一、填空题

1. 无人机驾驶员必须经过职业化的专业培训，取得_____的资格，才能胜任驾驶无人机，完成专业无人机的航空作业任务。

2. 无人机驾驶员必须要有较强的_____专业技能，这是迈向高水平专业无人机驾驶员的基础。

二、选择题

1. （   ）是担任无人机飞行及关键零部件试验任务的无人机驾驶员，主要凭个人经验通过操控无人机试飞摸索出无人机研发、试制中存在的不足和问题，提供改善、改进的想法。

    A. 无人机解说员   B. 无人机销售员

    C. 无人机试飞员   D. 无人机教练

2. 下列航空法律法规中级别最高的是（   ）。

    A.《中华人民共和国飞行基本规则》

    B.《中华人民共和国民用航空法》

    C.《中华人民共和国搜寻援救民用航空器的规定》

    D.《民用航空空中交通管理规则》

3. 空域管理的具体办法由（   ）制定。

    A. 民用航空局   B. 中央军事委员会

    C. 国务院和中央军事委员会   D. 国务院

4. 民用航空器必须具有民航局颁发的（   ）方可飞行。

    A. 适航证   B. 经营许可证

    C. 机场使用许可证   D. 空域管理证

5. 微型无人机是指（　　　）。

　　A. 空机质量小于或等于 7 kg 的无人机

　　B. 质量小于 7 kg 的无人机

　　C. 质量小于或等于 7 kg 的无人机

　　D. 质量等于 7 kg 的无人机

6. 超低空无人机任务高度一般在（　　　）m。

　　A. 0～100　　　　　　B. 100～1 000　　　　　C. 0～50　　　　　D. 50～100

7. 民用航空适航管理是对（　　　）环节进行管理。

　　A. 设计、制造　　　　　　　　　　　B. 使用和维修

　　C. 设计、制造、使用和维修　　　　　D. 使用、维修和制造

8. 参加理论考试或实践考试的申请人在参加考试前（　　　）。

　　A. 应当具有地面教员或飞行教员签注的已完成有关地面理论或飞行训练的证明

　　B. 应当具有地面教员和飞行教员推荐其参加考试的证明。

　　C. 以上两者缺一不可

　　D. 无须具备任何证明

9. 《中国民用航空法》的颁布目的是（　　　）。

　　①为了维护国家的领空主权和民用航空权利；②保障民用航空活动安全和有秩序地进行；③保护民用航空活动当事人各方的合法权益；④促进民用航空事业的发展

　　A. ③④　　　　　　　B. ①②　　　　　　　C. ①②③④　　　　　D. ②③

10. 无人机飞行前，无人机飞行员（　　　）。

　　A. 按照随机《无人机飞行手册》指导飞行

　　B. 按照积累的经验指导飞行

　　C. 重点参考《无人机所有者信息手册》

　　D. 任意飞行

11. 无识别标志的航空器因特殊情况需要飞行的（　　　）。

　　A. 必须经相关管制单位批准

　　B. 必须经中国人民解放军空军批准

　　C. 必须经中国民用航空总局空中交通管理局批

　　D. 不需要任何部门批准

12. 《民用无人机驾驶航空器实名登记管理规定》适用于（　　　）的无人机。

　　A. 空机质量超过 250 g

　　B. 最大起飞质量不低于 250 g

　　C. 最大起飞质量不高于 7 kg 的视距内运行

　　D. 任意质量

13. 飞行教员等级申请人必须年满（　　　）周岁。

　　A. 18　　　　　　　B. 20　　　　　　　C. 21　　　　　　　D. 12

14. 民用无人机视距内运行是指航空器处于驾驶员或观测员目视视距内半径（　　）m，人机相对高度低于（　　）m 的区域内。

    A. 100，50　　　　　B. 120，500　　　　　C. 500，120　　　　　D. 100，100

15. 对民用无人机系统运行遵守飞行基本规则负责的是（　　）。

    A. 航空单位负责人　　　　　　　　　B. 机长

    C. 民航局及其地区管理局　　　　　　D. 无人机生产单位

16. 民用无人机驾驶员合格证申请人必须具有操纵民用无人机不少于（　　）h 的飞行训练时间。

    A. 56　　　　　　　B. 44　　　　　　　C. 100　　　　　　　D. 10

三、判断题

无人机运动员在技能上，需要操作熟练，使无人机飞行平稳、流畅即可，无须调试无人机。

                                            （　　）

四、简答题

1. 简述无人机驾驶员等级划分。

2. 简述使用无人驾驶航空器执行反恐维稳、抢险救灾、医疗救护等紧急任务的飞行活动申请流程。

3. 简述在《民用无人驾驶航空器实名制登记管理规定》中对无人机实名制做出了要求，主要登记内容有哪些？

4. 简述我国无人机执照的种类。

五、操作题

为自己做一次与无人机驾驶员相关的职业规划。

附　录

附录 A　民用机场
管理条例

附录 B　民用无人机
驾驶员管理规定

附录 C　轻小无人
机运行规定

附录 D　民用无人驾驶航空
器实名制登记管理规定

附录 E　民用无人驾驶航空器
系统空中交通管理办法

附录 F　无人驾驶航空器
飞行管理暂行条例

参 考 文 献

［1］ 于坤林．无人机操控技术与任务设备［M］．北京：北京理工大学出版社，2022.

［2］ 张胜逊，戴伟军．无人机综合应用［M］．武汉：华中科技大学出版社，2020.

［3］ 何华国．无人机技术基础［M］．北京：高等教育出版社，2019.

［4］ 朱菲菲，宋建堂．无人机法律法规与安全飞行［M］．2 版．北京：机械工业出版社，2023.

［5］ 于坤林．无人机概论［M］．2 版．北京：机械工业出版社，2022.

［6］ 贾恒旦，郭彪，杨刚．无人机操控与竞技［M］．北京：机械工业出版社，2020.

［7］ 贾恒旦，郭彪．无人机技术概论［M］．北京：机械工业出版社，2018.

［8］ 贾恒旦，何苏博，杨刚．无人机操控与竞技［M］．2 版．北京：机械工业出版社，2024.

［9］ 王铨，顾小冬．无人机装调与维修［M］．北京：机械工业出版社，2023.

［10］ 吴道明，刘霞．无人机操控技术［M］．北京：机械工业出版社，2022.

［11］ 周竞赛，冯宇．无人机概论［M］．北京：清华大学出版社，2021.

［12］ 赵高翔，龙飞．无人机航拍实战 128 例：飞行+航拍+后期完全攻略（修订升级版）［M］．北京：清华大学出版社，2024.